珠光宝气

董刚 著

经济科学出版社
Economic Science Press

编辑的神技

一直以来，时尚编辑在我们的行业史上，拥有着比其他同行高很多的地位，虽然他们不曾去侦察讨伐，写出可以推翻政权、弄翻股市的文章，也不会去按下快门拍下绝世瞬间的照片。但是，在时尚的行业里，时装编辑却是最受人尊重的职业，无论是一个时装帝国的CEO，还是蜚声世界的设计大师，他们无论怎样都愿意和时装编辑倾谈，甚至听从他们的建议，拍下像马克·雅克布（Marc Jacobs）满身涂鸦写满路易威登（Louis Vuitton）的裸体照片。为什么呢？其他行业的人永远也不会理解，因为，在时尚的世界里，令人传世的绝非你的股票或者发明，而是永恒的主题——美。能够发现美，放大美，把美创造到令人难忘、令人刻骨铭心的一群人，便是妙手巧思的背后大师——时尚编辑。世界上最有名的便是《时尚芭莎》HARPER'S BAZAAR 最著名的编辑卡麦尔·斯诺（Carmel Snow），她发现了迪奥（Dior）先生，并用一篇 THE NEW LOOK 的文章，让迪奥蜚声美洲大陆。还有发现安迪·沃霍尔的著名编辑，资助并启发他画起身边之物，汤罐头和超市纸箱，创造出杰出的时装摄影和著名的时装评论体系……世界上，没有多少人知道他们的名字，却有无数令人传颂的故事，经过他们的妙笔和编辑巧思，流传着一个又一个美的风格和美的传说。在中国，我们《时尚芭莎》的著名编辑总监董刚，就是其中的佼佼者。

我和董刚合作已经13年了，他从小学习美术，那时还是一个刚刚从北京服装美院毕业的大学生，他对东西方美术不仅有着十几年的研习，更重要的是他比一般人更有着对色彩、构图和对比的敏锐感知。我喜欢他不断以艺术的角度，以艺术创作的精神，对我们所见到的稀世珍宝，进行匪夷所思的再创作，我非常喜欢和董刚一起分享彼此看到的视觉之美，包括摄影作品、著名的广告、当代艺术和诗词歌赋中蕴含的传统东方美学意境，他总是能够深刻地理解作品背后蕴含的视觉意象。我和董刚之间，仿佛永远心灵相通，几乎不需要解释，瞬间能够感受到下一个创作中要表现的意境。董刚平日是一个细腻安静的人，待人平和斯文，他所有的力量都体现在作品中美的张力。无论是对于性感还是动感，无论对于意蕴还是构图，他总是能够把珠宝或者艺术的妆容，当做画面创作主体元素，放大美。铺张强烈的美感，甚至体现在珠宝小鸟翅膀上的一个闪光，让钻石小鸟瞬间感到正在飞翔。他善于和摄影师、造型艺术家们像知己一样，探讨创作理念和表现形式，他善于倾听和捕捉设计师、品牌公关们在采访中透露的风格特点，融合、强化、再创作……用与之相符却意料之外的新的美学形式来表现。

董刚在《时尚芭莎》十几年的创作生涯中，开创了珠宝和彩妆强烈的艺术风格，让人们领会到彩妆艺术之美和绝世珠宝无尽的美丽。他让美成为一种巨大的力量，令人无法忽视，令人过目难忘，从而渴望了解，水钻泪珠和丛林睫毛可以塑造出的神秘效果，渴望了解猎豹蓝宝和黄钻小鸟的缔造者，传奇和珠宝蕴含的文化情感价值。

我非常幸运拥有像董刚这样的大师级编辑，他如此专注、专业、勤奋和灵动，把完美的时尚世界，用更加完美的创作体系，展示给中国的读者，他和这个行业中无数卓有才华的造型师、彩妆艺术家、摄影大师、超模和著名品牌一起，为这个时代留下最美的作品，影响了一代人掌握珠宝和彩妆之美。编辑，对于我，是最令人尊重的职业，我们孜孜以求，在美的世界获得滋养，用毕生的心血将极致之美表现和传承。希望董刚的这本书，带给你一个美的神境和美的力量。

—— 苏芒　4月9日于北京　时尚大厦

珠光与宝气

在最初构思这本书时，其实想过很多个书名，但最后还是选择以《珠光宝气》为名，一方面是为了给自己做个总结，在《时尚》杂志工作十余年，我有个栏目就叫"珠光宝气"，每个月我都会为它拍摄一组珠宝创意大片，多年来已成为习惯，而这个栏目也在业界混出了口碑，如今很多珠宝品牌都会找到我想要独家合作这个栏目，如此想来，"珠光宝气"这四个字还是承载了很多意义的。另外一方面，作为一本珠宝工具书，这四个字也着实贴切，所谓"珠光"，指的就是璀璨的宝石，所谓"宝气"，指的则是精湛的工艺，珠宝本身就离不开这二者的结合，这是亘古不变的真理。

那么出这本书的意义何在呢？我希望有更多的人热爱珠宝并能懂得珠宝。在西方文化里，珠宝是可以传家的，就像电影里的故事——祖母传给妈妈，妈妈再传给女儿，等女儿的女儿出嫁时，自己能亲手给她戴上。他们在乎的也许更多是珠宝所带来的意义。不过现在很多中国人买珠宝不是这样，一部分人盲目地追求昂贵奢华，一部分人一味地指望它们能升值，而忽略了珠宝背后更大的价值，也许是一种文化的积淀，也许是一种工艺的传承，也许是一种风格的体现，或是一种情感的珍藏，它的意味包罗万象，而绝非仅仅是一种可以储存很久的财富。

我曾亲眼看到过珠宝工匠，如何细致地制作他们的珠宝，在这个现代计算机与精密机械能制作纳米等级细致部件的时代，他们还坚持用最传统的手工技艺一点一点地精心雕刻着每一件作品，那种感觉让你特别感动，所以珠宝真的是充满爱与敬意的产物。我曾亲自和珠宝的创作者面对面交流，他们真的会为了珠宝创作倾其所有，无怨无悔。这种精神会凝结为一种力量，最终投射到珠宝身上，让它们成为有情感和生命的物质。我曾亲身到过那些大大小小的珠宝展览，珠宝所见证的风格变迁和沧海桑田，让珠宝本身不仅仅是艺术，也是人文和历史。除此之外，我也曾亲自买过珠宝送给别人，在花时间去挑选的过程里，所想到的一定都是对方收到时所表现的惊喜的表情。这时的珠宝还代表着某种期许，希望它能变成对方永恒的回忆。因为一直被珠宝背后的故事感动着，所以我有责任，也有义务与你分享。

有人说珠宝是女人最好的朋友，那么我希望借此书，你会真的了解珠宝，并学着跟珠宝做朋友。

Pomellato 宝曼兰朵 PomPom 系列戒指

目录

第一章	宝石向自然致敬	007
第二章	跟着珠宝去旅行	045
第三章	极致工艺	087
第四章	东西无界	129
第五章	宝石作画	165
第六章	珠宝是最好的情人	197
致谢		227

Louis Vuitton 路易威登高级珠宝钻石戒指

第一章
宝石向自然致敬

宝石是地球的内在灵魂，

以天、地和激情淬炼而成，捕捉地球最深不可测的能量。

它们包含了一种生命的呢喃，它们对生命的理解，远胜于人类的认知，

是大自然沧桑剧变的冷静见证者。

心有猛虎 细嗅蔷薇

Cartier 卡地亚高级珠宝胸针

  如果说漂亮的女人是宝石，智慧的女人就是宝藏。可以说我生活的周围，处处有宝藏。看看身边那些智美双全、雄心远大的女强人们，她们不但能完美地平衡事业与家庭，还懂得点投资，懂得用入时的衣着凸显品位，懂得享受美食，懂得用音乐和艺术丰富生命的厚度。在她们的珠宝盒里，往往出奇一致地躺着卡地亚的猎豹胸针或者宝格丽的蛇形腕表，我只能说她们忙碌而强大的内心与动物的原始野性之美达成了最天然的默契。

  在动物珠宝的荣耀榜上，有一件气势卓然的胸针永远不会缺席，那就是卡地亚蓝宝石猎豹胸针。一颗 152.35 克拉凸圆形蓝宝石，几乎和乒乓球一样大，高傲地站在蓝宝石上的是一只镶钻猎豹，毛皮上点缀着凸圆形蓝宝石斑点。定制这枚珍品的神秘顾客——温莎公爵夫人和她的丈夫赞叹地注视着珠宝，而站在他们对面的正是这枚胸针的创造者，卡地亚高级珠宝总监贞·杜桑 (Jeanne Toussaint)，真正的"猎豹女士"。在这件桀骜不羁的珠宝上，猫科动物特有的柔姿和极致骄傲的性格淋漓尽致地呈现，而我们也可以同时发现历史上这两位不平凡的女人灵魂深处已达成的一致：刚毅独立的性情。

  作为贞·杜桑的好闺蜜，嘉柏丽尔·香奈儿女士则钟情于狮子形象，代表着强壮、勇敢和荣耀的狮子。她是如此迷信这个能带给它好运的标志，以至于她会在寓所里摆放着各种各样的狮子摆饰。在不久前香奈儿推出的狮子系列高级珠宝的珠宝展上，我们仿佛又能从一个个霸气优雅的狮子形象里，看见那个倚靠在巴黎芳登广场的寓所窗前，有着坚毅嘴角和鹰一般眼神的全法国最有名的狮子座女人，她正以最璀璨夺目的方式昭告天下：那宝石幻化出的不仅是珠宝，更是你自己。

  古往今来，设计师们偏爱动物主题设计的原因，也许是出于对大自然的敬畏和向往之心，或者可以更直白地解读为：动物珠宝可以给予女性精神上的强大支持。早在人类还处于弱势的古埃及，拥有绝对财富的皇室就会用贵金属铸成蛇形图腾缠绕于身体，因为他们相信这象征着生命的自然灵物犹如神明的庇护者。战争的废墟之上，女性对于自由与新生的渴望反而越发高涨，热衷政治的贞·杜桑在第二次世界大战期间创作了大量笼中鸟的胸针，也是在表达对被占领的法国早日冲破牢笼、自由高歌的希望。而如今，当人类不断以自然的破坏来换取生活的进步时，环保主义者更将动物珠宝的设计解读为对自然的一往情深。

  珠宝是女人内心最真挚的表达，所以动物珠宝不仅是对自然的礼赞，也是一种威严和自信的昭示。我希望当你戴上它那一天，是因为你终于知道并且坚信自己有多好，不是炫耀，不是夸浮，是因为那颗坚强跳动的心脏清清楚楚地知道：是的，我就是这么好！

Cartier 卡地亚
"神秘印度"系列高级珠宝项链

Graff 格拉夫梨形钻石

Chaumet 尚美巴黎
"网住我……若你爱我"系列冠冕

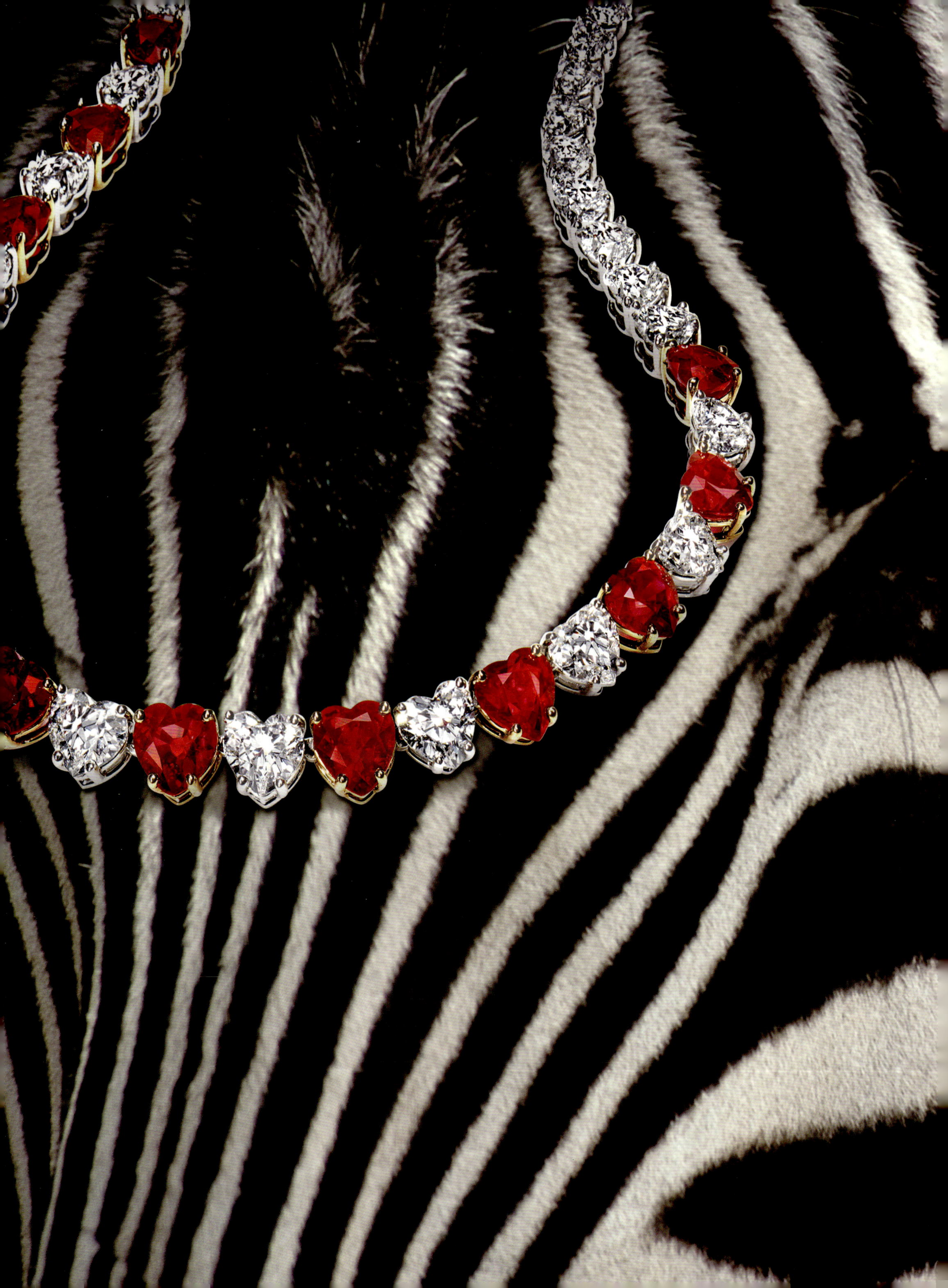

Harry Winston 海瑞温斯顿高级珠宝项链

人与宝石 彼此成就

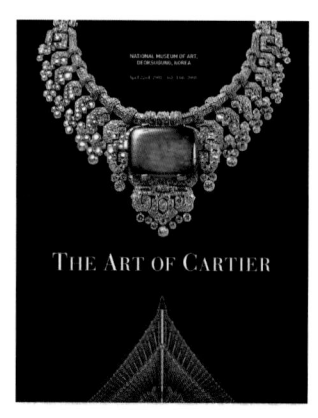

Cartier 卡地亚古董珠宝祖母绿钻石项链

作为一个珠宝编辑，我是如此幸运，能够飞到世界各地，去见识那些自然恩赐的奇珍异宝。我曾深入澳大利亚西部的矿场，被黄钻原石阳光般的色彩所震撼到心跳加速；也曾站在大英博物馆的玻璃展柜前为一睹传世蓝宝石忧郁的颜色而屏息凝神；但最难忘的一次经历是在和平街13号卡地亚的手工坊，亲眼目睹工匠用最传统的工艺悉心打磨祖母绿，这些巨型祖母绿宝石有着最接近自然与生命的悠悠绿意，甚至你能在它们之中看到罕见的"花园现象"。它自天地孕育而生，饱含着地球的诗意，它与人类的繁衍结影相随，是最具传奇色彩的宝石。

早在远古时代，祖母绿就被笼罩着魔法的光环，人们相信它的神圣，用它作通灵、祭神之用，或者镶嵌于权杖、宝剑或大型雕刻，最后才是用于镶嵌首饰。传说耶稣最后晚餐时所用的圣杯就是用祖母绿雕制成的。两千多年前的埃及艳后克列奥普特拉不仅经常佩戴祖母绿首饰，而且还以她的命字命名祖母绿矿山。古希腊亚历山大大帝出征打仗时，每次都要携带祖母绿，他认为战无不胜的力量是祖母绿带来的……关于这种矿石的神奇描绘往往介于真实与传说之间。

早在16世纪，哥伦布通过西班牙征服者将祖母绿进口到欧洲，随后，这些宝石又被葡萄牙商人收购，出口到印度。也许是因为绿色在伊斯兰教中被视为神圣的颜色，祖母绿这种宝石在印度可以说是一路辉煌，见证历史。17世纪，多位莫卧儿王朝的皇帝都是祖母绿的忠实拥趸，其中也包括名垂千古的泰姬陵创造者沙·贾汗（Shah Jahan）。他们会邀请工艺精湛的皇家雕刻大师在买来的祖母绿上雕刻悦目的纹饰、自然花卉、宗教铭文或者是那时当权者的名字。他们不仅将祖母绿视为美丽、财富和权力的象征，也把它当做真正的护身符，可以解毒和镇邪。在今天位于伊斯坦布尔的托普卡皮皇家博物馆内，你依然可以从那些遗留下来的古老文物中发现，祖母绿常常被用于莫卧儿帝王的礼服、头巾装饰、项链乃至臂镯上。同时，他们喜欢将祖母绿与其他各种名贵宝石如钻石、红宝石、蓝宝石和翡翠等组合在一起，制成巨大的珠宝。

三百年后，也就是20世纪初，印度的王公贵族带着价值连城的宝石和对欧洲工艺品的心驰神往辗转来到巴黎，邀请欧洲的各大珠宝商根据欧洲品位进行镶嵌和改造他们的传奇宝石。雅克·卡地亚(Jacques Cartier)就是参与其中的主要人物,而印度的帕蒂亚拉邦(Nawanagar)邦主正是他的皇室客户之一,这位品位不凡的客户不但追逐时髦,而且出手阔绰。卡地亚在1926年为他订制了一顶由19颗不同切割的祖母绿和其他宝石镶嵌而成的头巾装饰,其中最大的一颗六角形切割主石足足有117克拉,在当时,这件新形头巾装饰打破了印度传统装饰的繁复,引起了不小的轰动。在这之后,卡地亚开始大量购入印度风格的雕花祖母绿,开创了后来广为人知的"水果锦囊"(Tutti Frutti)风格。

直到今天,宝石鉴赏家、收藏家们依旧认为祖母绿是众石之王。他们相信,佩戴上祖母绿可以使人得到智慧、生命力和平静之心。在恋爱中的人获得此力量便会白头偕老。对于绝代影星伊丽莎白·泰勒来说,祖母绿是爱情的见证,她几乎会戴着理查·伯顿送给她的祖母绿项链出现在各种场合,1967年泰勒领取奥斯卡奖时她戴着它,1976年觐见英国女王时她带着它,当赫尔穆特·纽顿在泳池边为她拍摄肖像时她依然戴着它。而另一位不得不提及的就是温莎公爵夫人沃利斯·辛普森(Wallis Simpson),她有一个硕大无比的祖母绿戒指,这个戒指正是来自为她放弃王位的前国王爱德华八世、后来的温莎公爵的定情信物。传说,这个祖母绿原来属于一位蒙古王爷的珍藏,品质绝佳。经历了无数皇宫贵族之手,最终到了纽约一个珠宝商手中。由于原宝石体积过大,当时没人买得起。于是珠宝商决定将那祖母绿一分为二,其中一个被爱德华八世买走了。后来,爱德华八世邀请卡地亚在这枚19.77克拉的绿宝石订婚戒指上刻上这样一段深情告白:"We are ours now(现在我们属于彼此)27 X 36",后面的数字是爱德华求婚日期1936年10月27日的缩写。关于这段"不爱江山爱美人"的故事,在2011年麦当娜执导的电影《W.E》(《倾城之恋》)中得到了的真实还原。

如今这些传奇的祖母绿更多时候只是安静沉睡在保险箱里或者正等待进入博物馆的陈列展柜,所以在文章的最后我们是否应该感谢一下那些曾经将这些珍宝视若生命的"守护者",正是因为有了他们那些与宝石紧密相连的动人诗篇,今天的我们在面对这些旷世奇珍时,才可以欣赏、可以回味、可以歆歆。

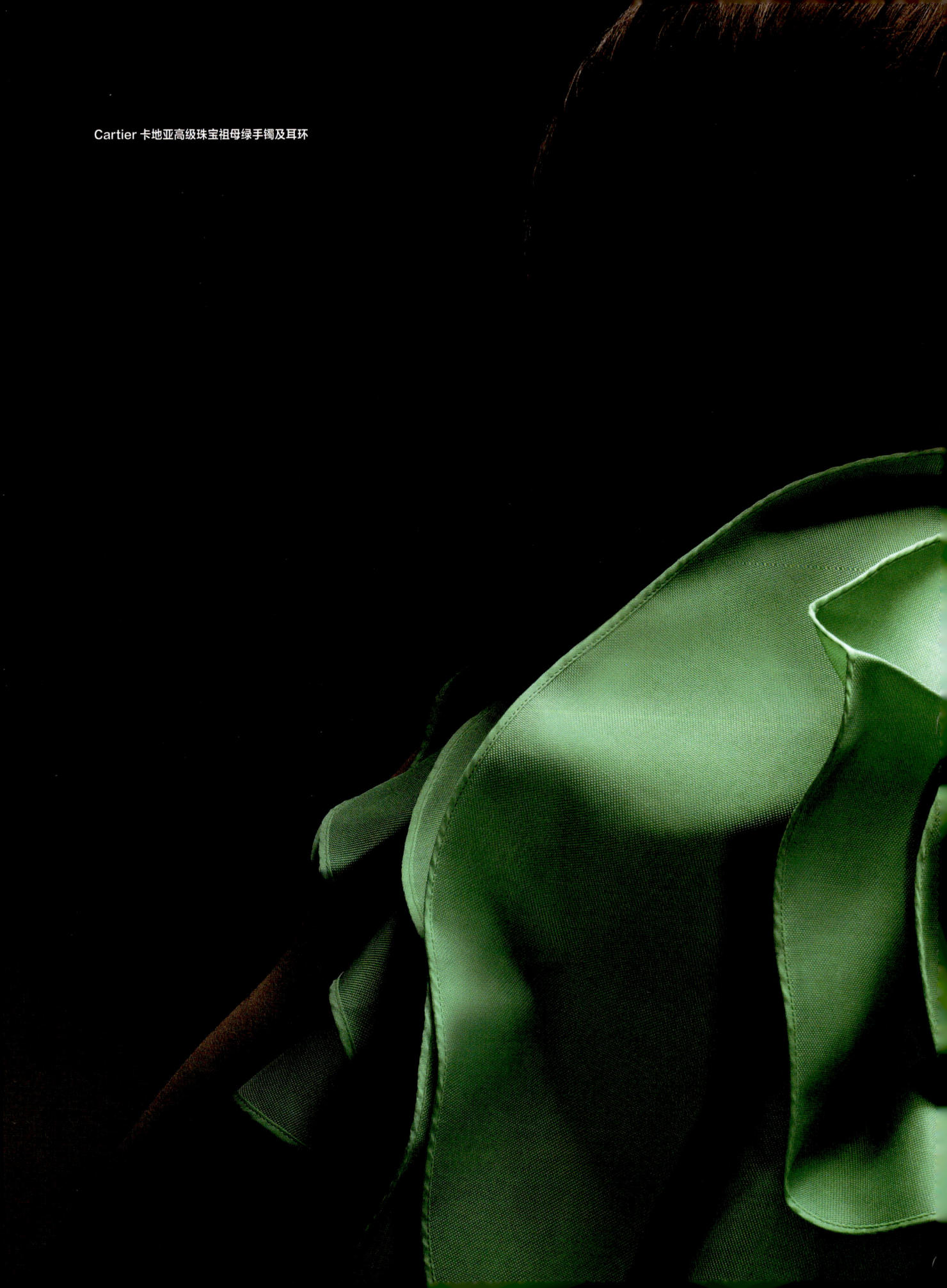

Cartier 卡地亚高级珠宝祖母绿手镯及耳环

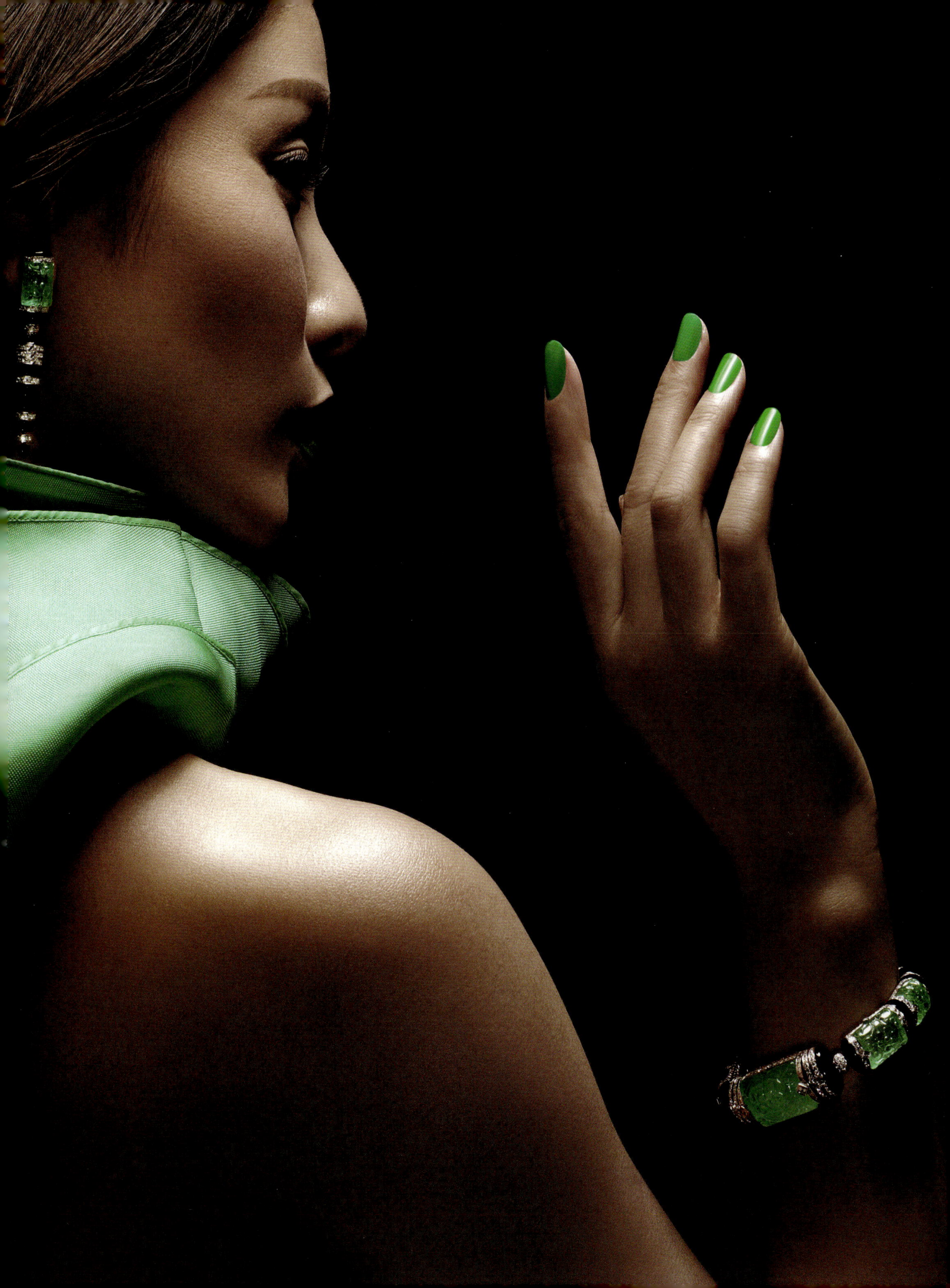

Cartier 卡地亚高级珠宝项链

Cartier 卡地亚高级珠宝手镯

谢瑞麟彩色宝石项链

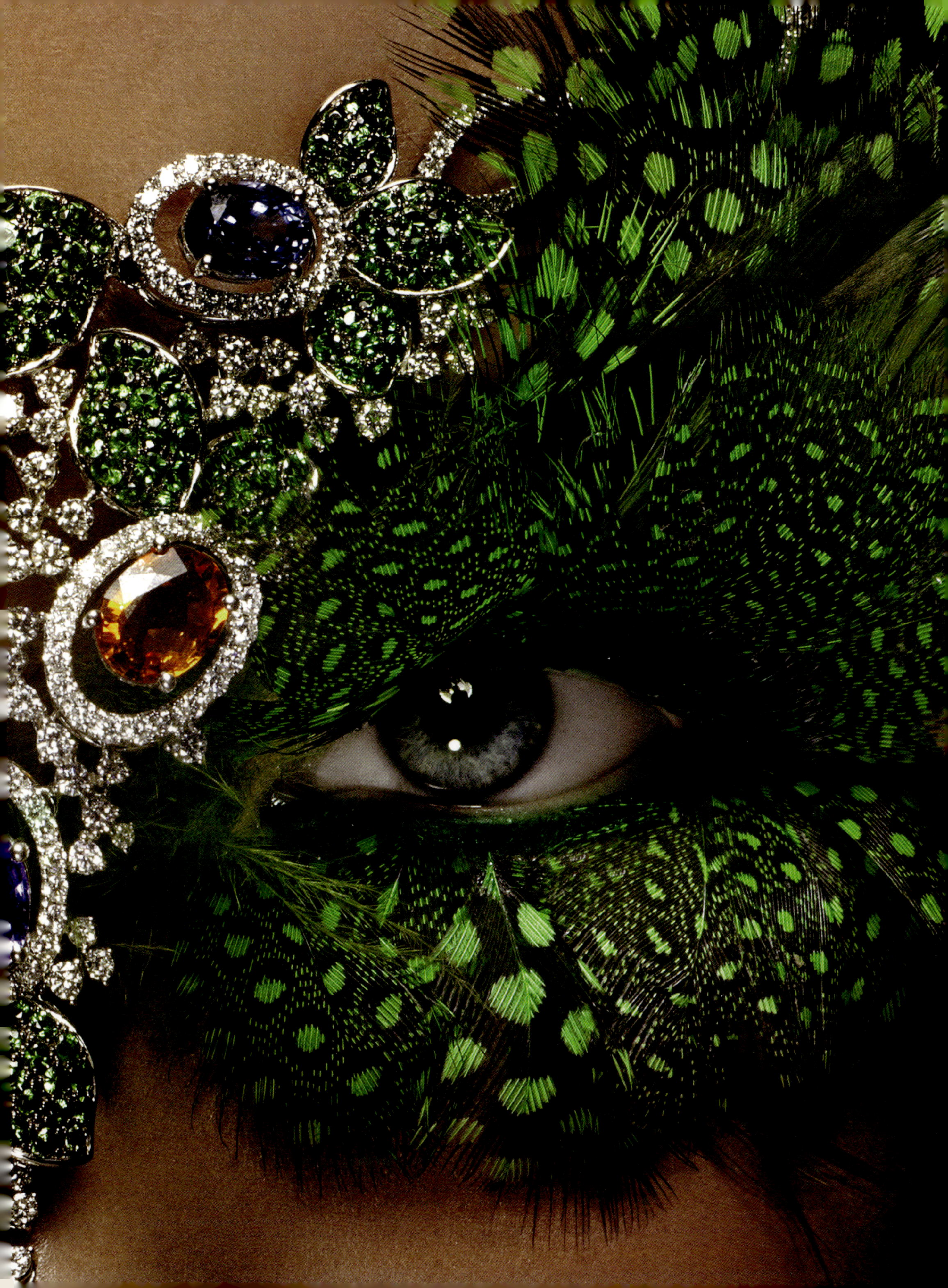

打磨你的4C光芒

世间没有一路飘红、只涨不跌的股票，房产虽保值可惜还"限购"，十几万买入的皮草并不会因为动物数量减少而变得更有价值，所以有人笑言：如果有一种只赚不赔的投资，那就是买钻石。女人如果缺了买钻石的欲望，全球经济不知道要倒退多少年。

印度经文曾经这样描述钻石：谁拥有它，谁就拥有整个世界。嘉柏丽尔·香奈儿（Gabrielle Chanel）之所以钟爱钻石则是因为它"以最小的体积，蕴含了最大的价值"，玛丽莲·梦露一首"钻石是女人最好的朋友"，唱出了多少女人心中的渴望和钻石的致命吸引力：

Men grow cold as girls grow old（当女孩变老，男人会变得冷酷），
And we all lose our charms in the end（我们最终将失去魅力），
But square-cut or pear-shaped, These rocks don't lose their shape（但宝石却永不褪色、永不变形）。
Diamonds are a girl's best friend（钻石是女孩最好的朋友）。

所以我们完全无须纠结第一颗钻石到底是发现于戈尔康达，还是克里希纳河谷。对于这种象征永恒与财富的宝石，无论你是拍卖会上眼光挑剔的亿万豪门，还是即将在心爱姑娘的无名指套上一枚婚戒，似乎只要掌握4C标准，都不太可能会看走眼。所以我时常问自己，钻石会让外表光芒万丈，内心的光芒要用什么来打亮？想要像钻石一样予人快乐，是否应该先要修炼自我？你是否也该像投资钻石一样，找到属于自己的4C标准？

Carat Weight重量 = 智慧的头脑

瞧瞧那些历史上最昂贵的钻石，重量很大程度上决定了它们的命运。比如1812年在印度被发现、如今被安置在美国史密森尼国家自然历史博物馆中的希望（Hope）钻石，多个所有者曾经拥有它，包括皮埃尔·卡地亚、海瑞·温斯顿勋爵和弗朗西斯希望，如今它已是仅次于蒙娜丽莎的微笑，是世界上访问量第二大的艺术品。而2010年苏富比拍卖会上，一颗24.78克拉的浓彩粉钻被英国著名钻石商劳伦斯·格拉夫（Laurence Graff）以4560万美元的天价买入，刷新了全球单颗钻石的最高拍卖纪录。对于钻石的鉴定标准和对人的评定其实有着许多相似之处，重量之于一颗钻石，就像智慧之于个人。当你全情投入去做一个策划案，当你充满热情地谈你的创作时，当你用你的专业态度赢得一个客户的赞赏时，你

De beers 戴比尔斯钻石原石吊坠

会看到智慧的闪光。随遇而安是一种乐观的处世智慧,顺其自然是一种豁达的生存智慧,如果你懂得四两拨千斤,那绝对是一种更高超的入世智慧。

Clarity净度 = 通透的心灵

按照 GIA 鉴定标准,能在 10 倍放大镜下内外皆无瑕疵的钻石就可称为完美无瑕(Flawless)等级,也方可被列为收藏级钻石。这样的钻石,即使在 10 米开外,都会让人感受到灿若星辰般炫目。我曾数次在香奈儿的高级珠宝展上,感受到钻石那种会让人眼睛出汗、内心燃烧起来的魔力,那种几乎快让眼睛灼伤的清澈光芒,不仅只是美,也让美回归了原点:纯净、稀有、唯一和无价。当你选择把它佩戴在身上时,它也不仅仅是块价格高昂的石头,而是承载你灵魂的东西,它就是你。所以,为什么不像钻石一样保持内心的通透无暇呢?当你有一颗明了的心,就会对人生很笃定,那么自然不需要被标签,不需要为了证明而证明,为了拥有而拥有。那时,你不会再为了表面的虚荣而去购买或者佩戴珠宝;那时,哪怕一颗不起眼的宝石也可能因为对你有着非凡的意义而被视若珍宝。

Color色泽 = 光彩的外在

传说钻石是神的眼泪,丘比特爱神之箭的箭头上镶满了这种无色透明的石头,所以才有爱的魔力。这种夺目又永恒不变的宝石的确将无尽的爱语凝结成一种真实的誓言。伊丽莎白·泰勒一生拥有那么多的珠宝,但最特殊的那件还是泰勒·波顿钻石,当年理查德以戏剧化的一幕为她买下那颗重达 69.42 克拉的梨形美钻,皆因他认为"它无比可爱,只该戴在世界上最美丽的女人身上"。钻石的色彩从不会随着时间而磨灭,就像永恒的爱情不会随着时光而褪色,也许,如果你对外表足够细致地打磨,岁月神偷也会假装看不见你。

Cut切工 = 独特的风格

58 个切面的"明亮式切割"所让钻石折射出的火光闪耀程度绝非浪得虚名,而偏方正的祖母绿形切割则显得端庄优雅,维多利亚·贝克汉姆的婚戒采用的马眼切割钻石则看起来格外时尚,如果你是个不愿在普通抓镶面前妥协的女人,如果你是个舍得花大钱找设计师订制也绝不愿流俗的女人,那你一定会认同我的说法,切工就是展现你独特风格的关键,方寸之间已是展现自我的大舞台。

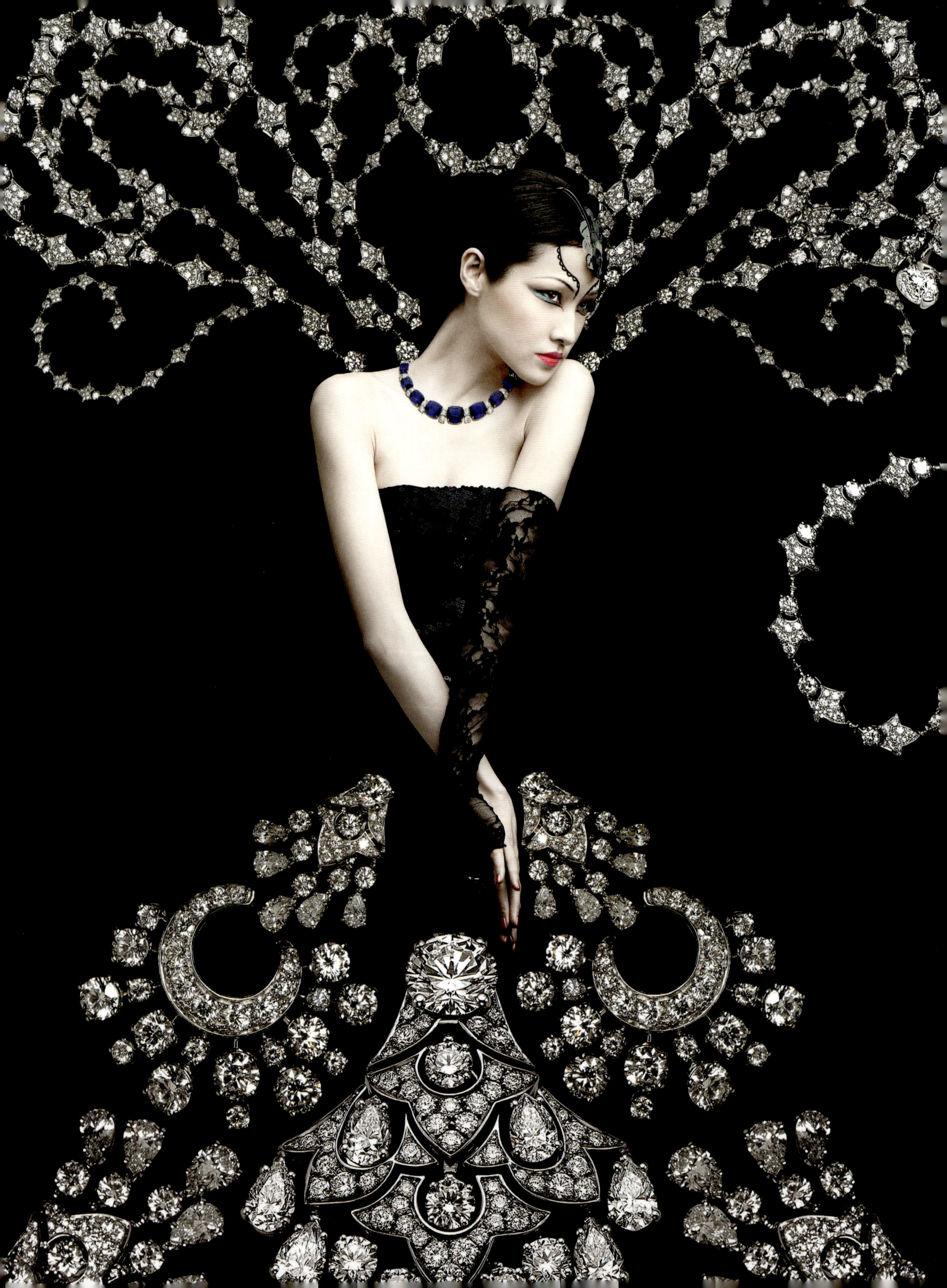

Bulgari 宝格丽顶级珠宝系列白金镶钻石项链及耳环
Chanel 香奈儿顶级珠宝项链

Cartier 卡地亚高级珠宝系列项链

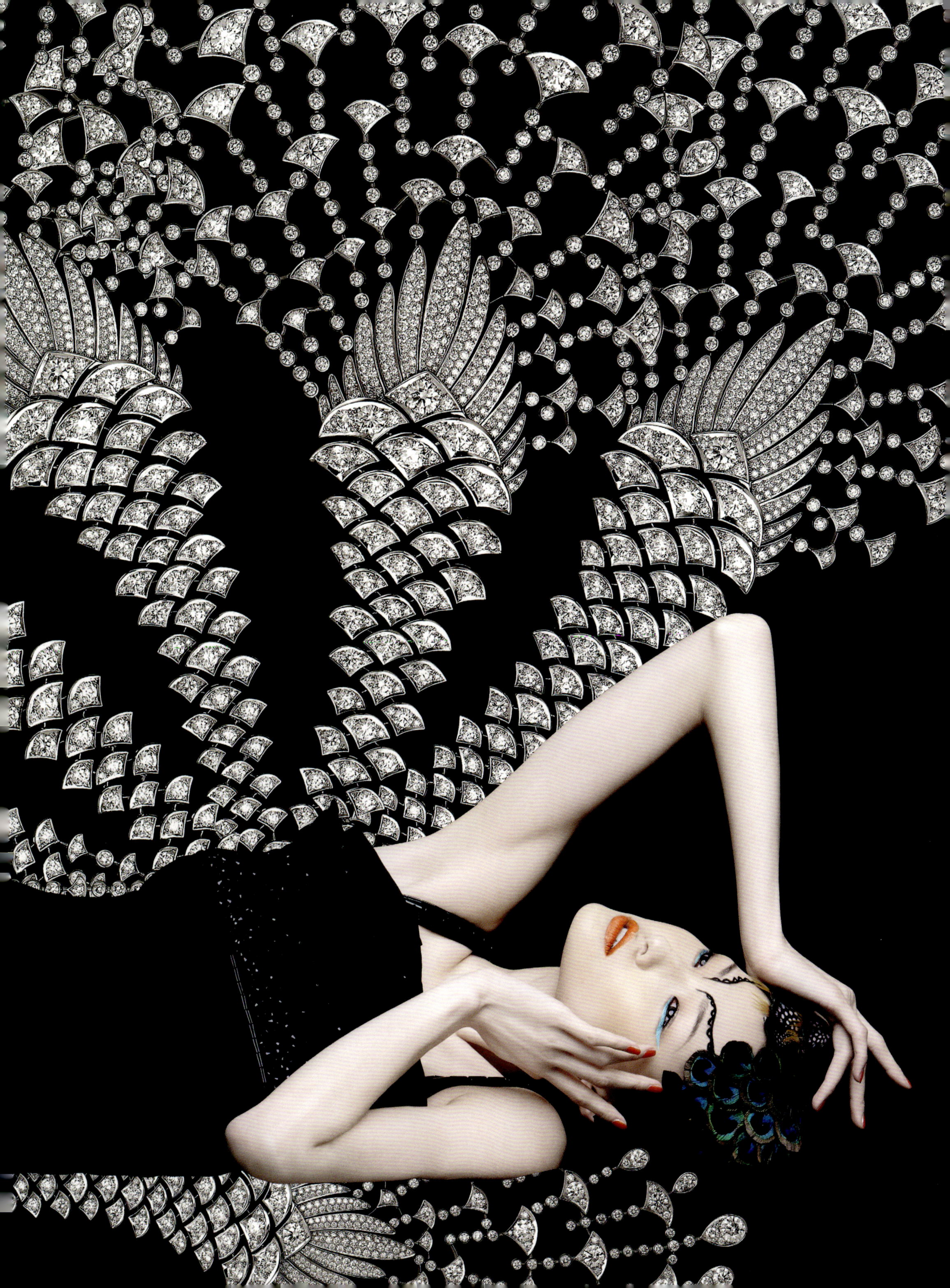

Bulgari 宝格丽
顶级珠宝系列白金镶钻石项链

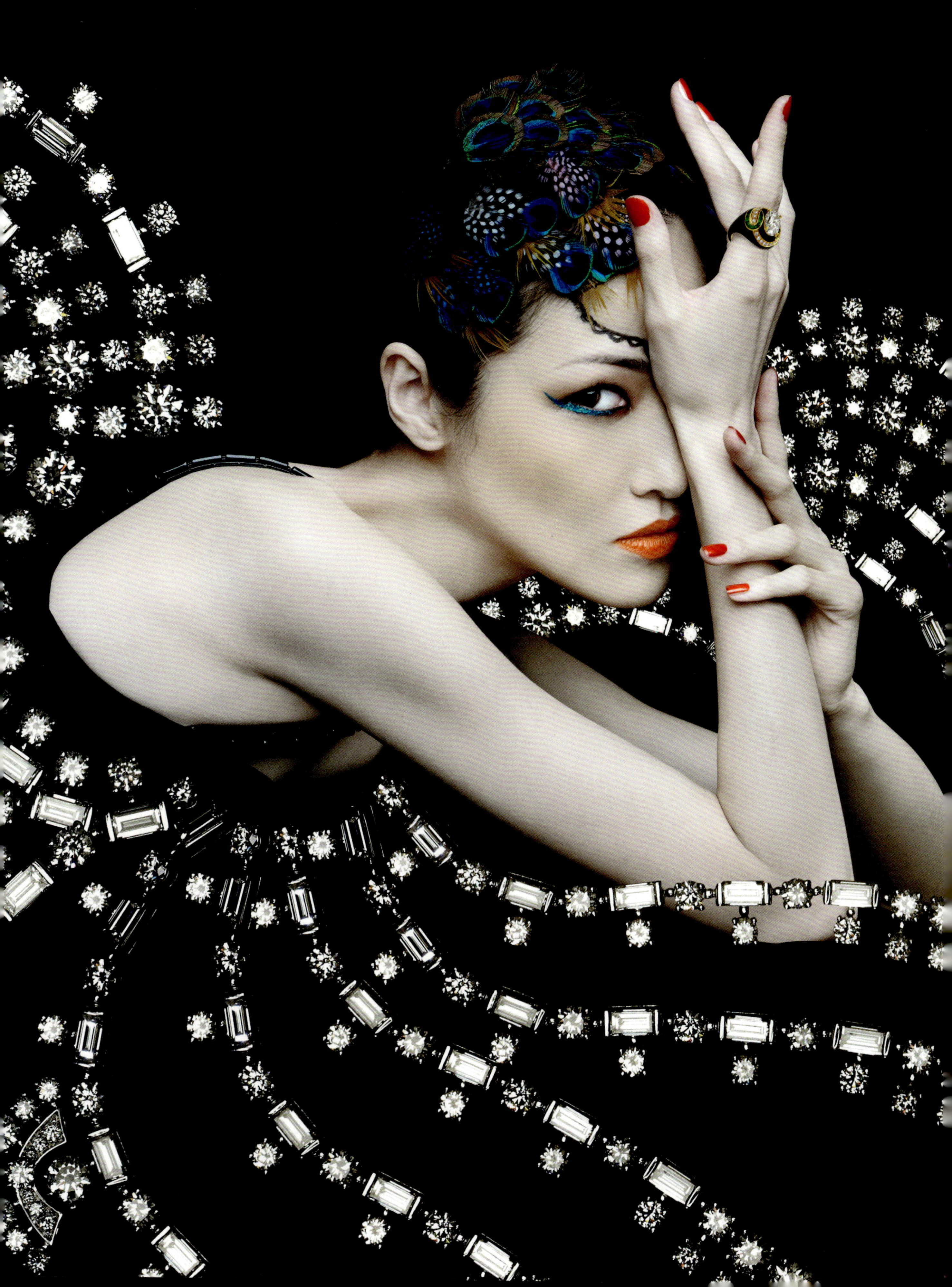

周大福
Ombre Di Milano 系列翱翔翠拥头饰及手表

周大福
Ombre Di Milano 系列赤红飞行胸针

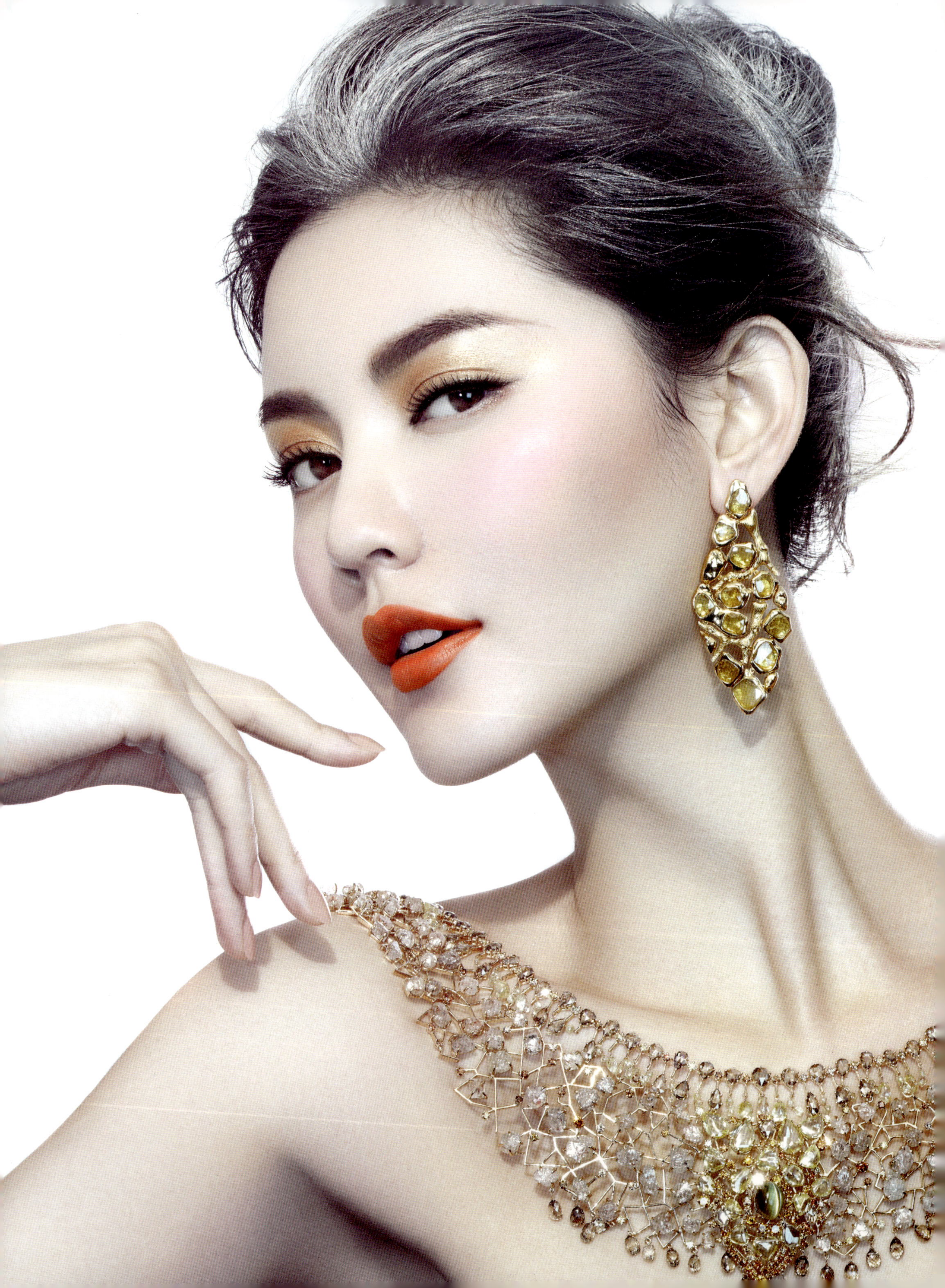

周大福
Ombre Di Milano 系列岩土蜿蜒项链、
黄金草原耳环

周大福
Ombre Di Milano 系列
静夜秘境戒指、耳环、项链及手链

周大福
Ombre Di Milano 系列静夜秘境胸针

会发光的生命体

有一种宝石,它不需要靠研磨或造型,最自然的状态下就是最完美的,那就是珍珠,在我看来它更像是一个会发光的生命体。

珍珠的形成过程有点否极泰来的意味,由于异物入侵,贝母分泌珍珠质,将其层层包裹,形成光亮润泽的外表。而这种包容的美德恰恰是它区别于其他宝石而特有的生命力。

和那些钻石的耀眼、彩宝的妩媚相比,珍珠显然低调得不行,当然现在也有人把低调解读为另外一种高调。可是无法否认,世人爱它的高贵气质,爱它的温文尔雅。在没有养殖珍珠的年代里,天然珍珠可以说是极其昂贵的,只有特殊身份的女性才能佩戴。文艺复兴时期,美第奇家族的女儿凯瑟琳·德·美弟奇和法国瓦卢瓦王朝的亨利二世联姻,此时的罗马教皇克莱门特七世正是凯瑟琳·德·美第奇的叔父。教皇为自己即将嫁入王室的侄女准备的嫁妆就是六条珍珠项链和25颗单粒珍珠。而当年雷尼尔三世为了向格蕾丝凯利求婚,也特意邀请梵克雅宝订制了一件三圈珍珠项链、耳环、手环和一枚戒指作为信物。19世纪20年代上流社会的顶级派对里,也从来少不了珍珠的身影。就在2013年刚刚结束的苏富比日内瓦珠宝拍卖会上,一对水滴形的天然珍珠耳坠最终以超过估价近3倍的高价成交,可谓震惊四座。事实证明,无论在哪个年代,这种神秘的自然结晶总有倾倒众生的魔力。

爱迪生曾说:"世界上有两种物质永远不能被发明——钻石和珍珠。"可这位伟大的发明家一定想不到,大洋彼岸的日本人打破了这个预言。如果说在手工作坊里打磨原石是件枯燥乏味的体力活儿,那么伴着温柔的海风在海边培育珍珠会不会多了几分温情和浪漫?

在日本,珍珠的养殖研究正规化是从20世纪初开始的。战后自由贸易中,珍珠变成了供不应求的出口商品,由此诞生了一些以珍珠养殖、加工和销售为一体的珠宝公司,其中也包括著名珠宝品牌TASAKI(塔思琦)。我曾经受邀参观过其位于日本长崎九十九岛的养殖基地,这里有着未经修饰般的自然风貌,原始的

·日本长崎九十九岛珍珠养殖海域

绿色植被环绕，海水中有着丰富的浮游生物，海浪平静而温和，同时兼具了男性的博大和女性柔美，也给珍珠的孕育提供了得天独厚的条件。

在这里，珍珠的养殖过程就像孕育一个生命一般需要耐心和时间，工人们以此维持生计倒也乐此不疲。从挑选养殖珍珠的母贝、把人工珍珠核放到分泌珍珠层的母贝外套膜处，到清洗成熟的母贝、剥离出完整的珍珠，整个过程都依赖技艺纯熟的工人们。可以说这里的珍珠是由人、海和贝一同孕育的，从培育到采集，整个过程往往要经历四五年的时间。然而只有很少一部分体质健康的母贝能够顺利完成"生产"（其中生产率最低的是阿古屋珍珠，仅有 60%），而产出的珍珠还要经过圆润度、色泽和净度上的考核，各方面都达到标准的也只有两成左右。当然，只有那些没有经过研磨，未经"整形"就拥有自然完美外形的珍珠才能被作为"TASAKI 珍珠"送出。

这些被精挑细选出的美丽珠子似乎天生具有唤醒女性柔美气质的能力。当整个时尚界都被"Less is More"的极简主义侵蚀着时，珍珠的设计者也面临着新的挑战。对大部分女性来说，对一件珍珠珠宝的期待是戴上它不仅能弥补阿玛尼（Armani）套装的强势，也能随意地搭配轻柔的雪纺裙和帅气的丹宁裤。珠宝应该是她们生活的一部分，而不是束之高阁只可远观的收藏品。很显然，塔库思·帕尼克歌尔（Thakoon Panichgul, Tasaki 的现任创意总监）这位深受美国总统夫人米歇尔·奥巴马喜爱的设计师简直太了解女人了。在面对设计珍珠这种柔美材质的珠宝时，他更多地把目光转向了材质，把珍珠与 K 金、钻石、彩宝等元素巧妙地结合，珍珠在他手中时而是律动曼妙的平衡球，时而长出锋利的獠牙，极具现代感，可是优雅依然。

也许历史上珍珠曾经只为了某些特殊的场合而存在，那么而今这种生命体的价值更多的是在于让你感受到在日常生活中佩戴它的点滴快乐，就像某个清晨散落的阳光，某个夜晚醉人的微风，这些快乐最终成为记忆的集合，即使是岁月的尘土也无法掩其光泽。

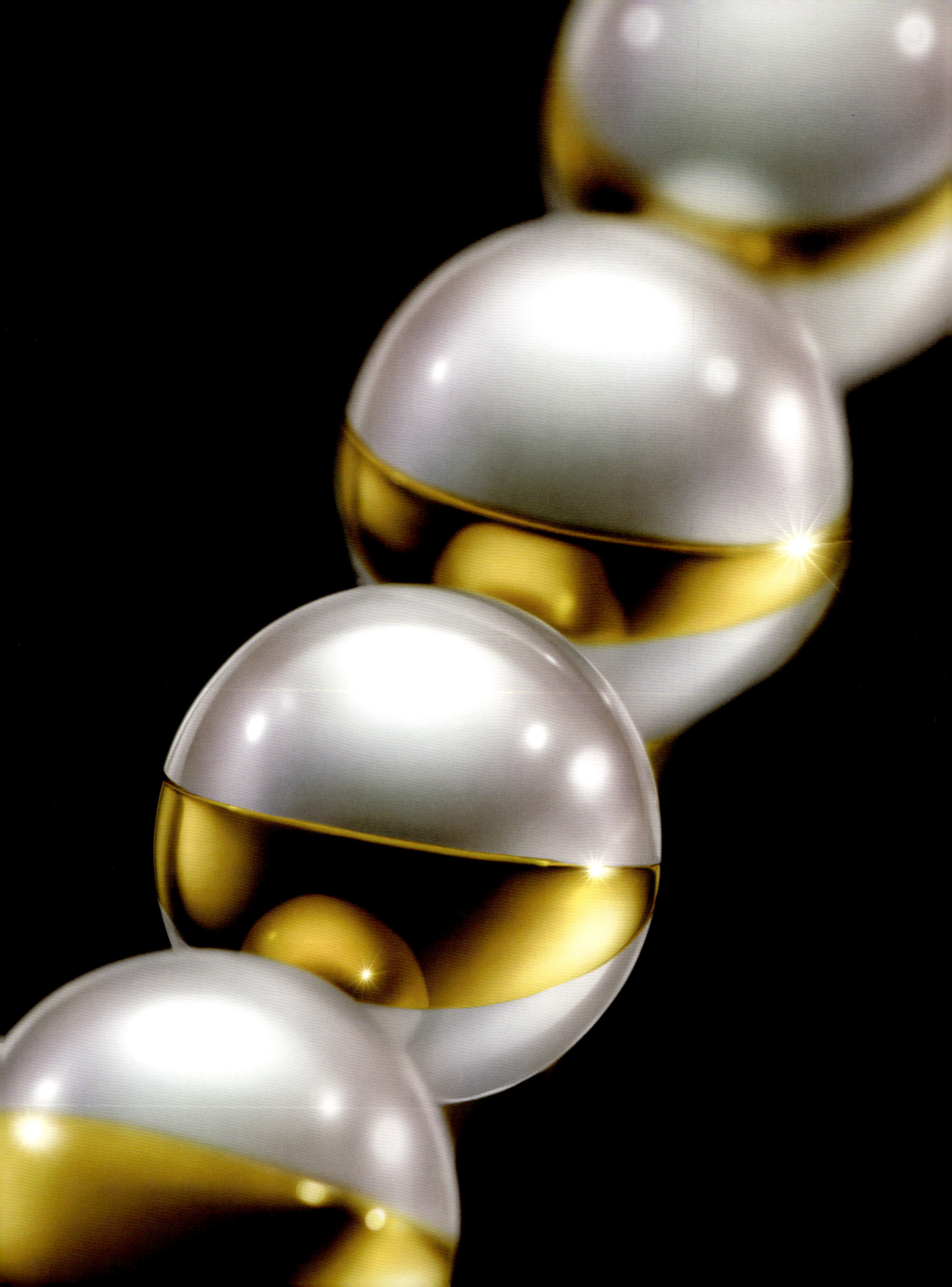

Tasaki 塔思琦日月平衡戒指

Lan 澜珠宝珍珠项链
万宝宝镶钻嵌珍珠白金手镯

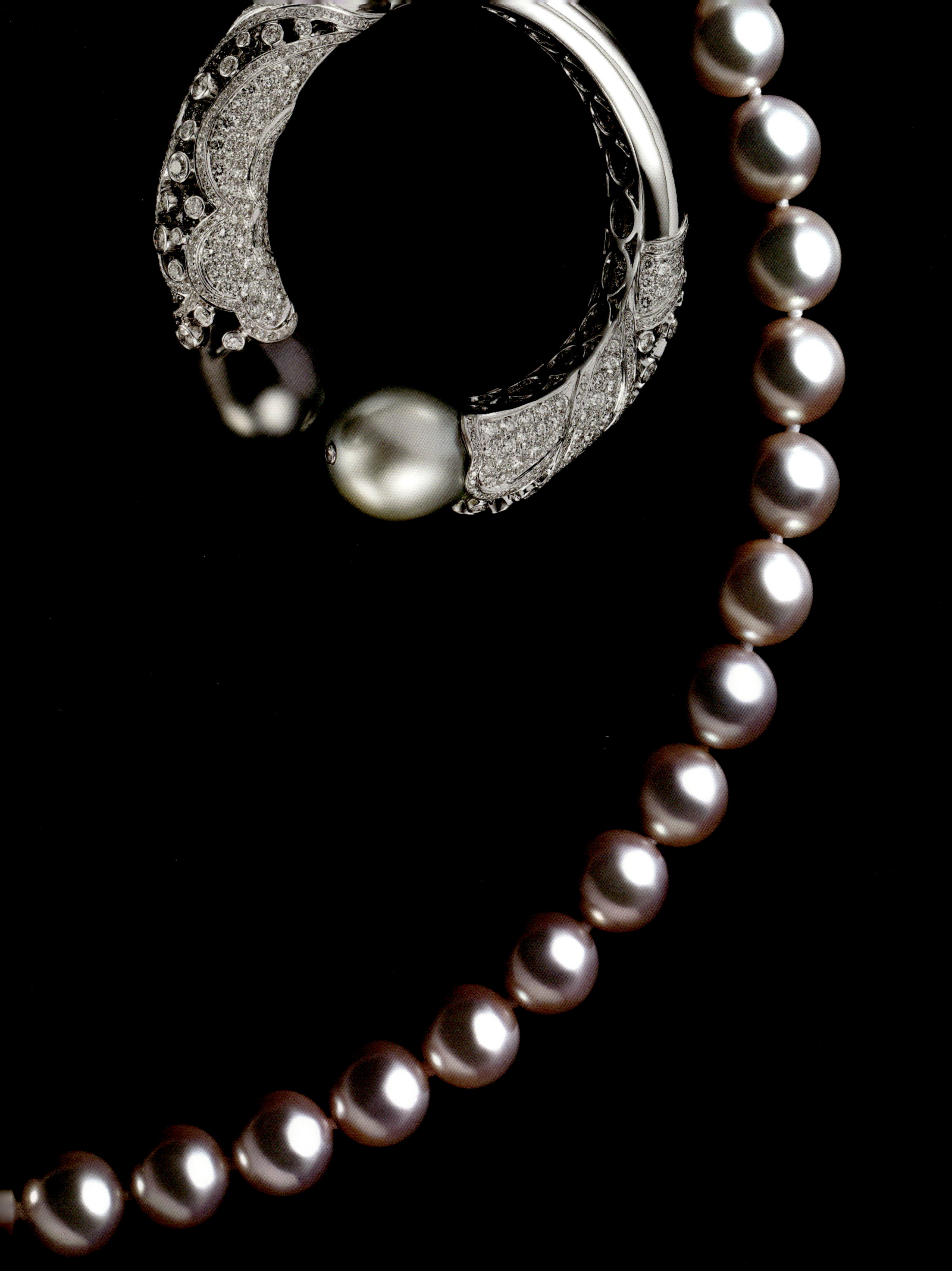

Feiliu Whispering 系列异形珠戒指
Lan 澜珠宝钻石胸针

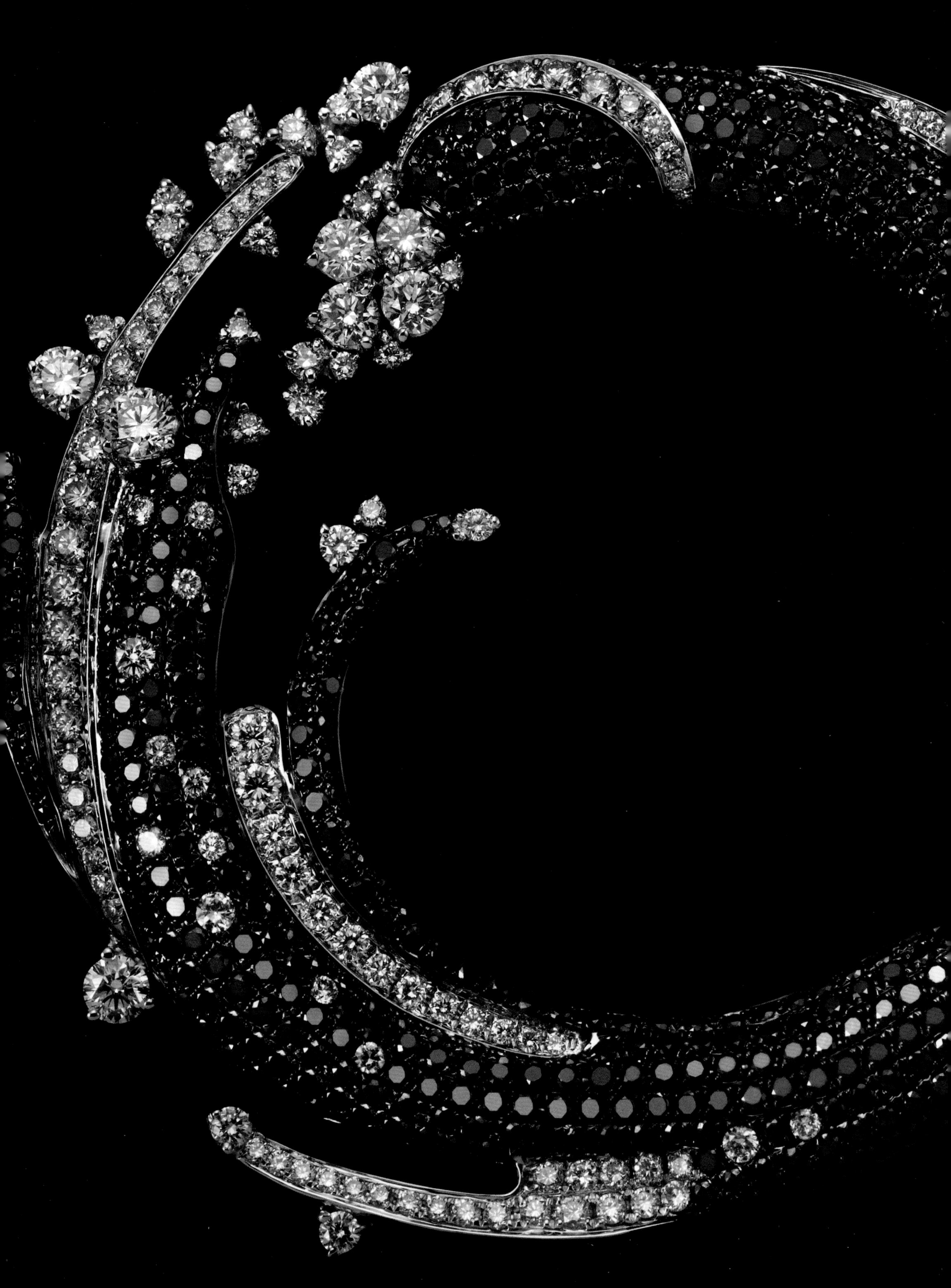

Bulgari 宝格丽高级珠宝胸针

第二章
跟着珠宝去旅行

珠宝的演变一路见证也记录着不同地域文化间的融合与碰撞,

并使得各类文化精髓以最珍稀的形式得以封存,

鉴赏一件珠宝的同时也让心远行……

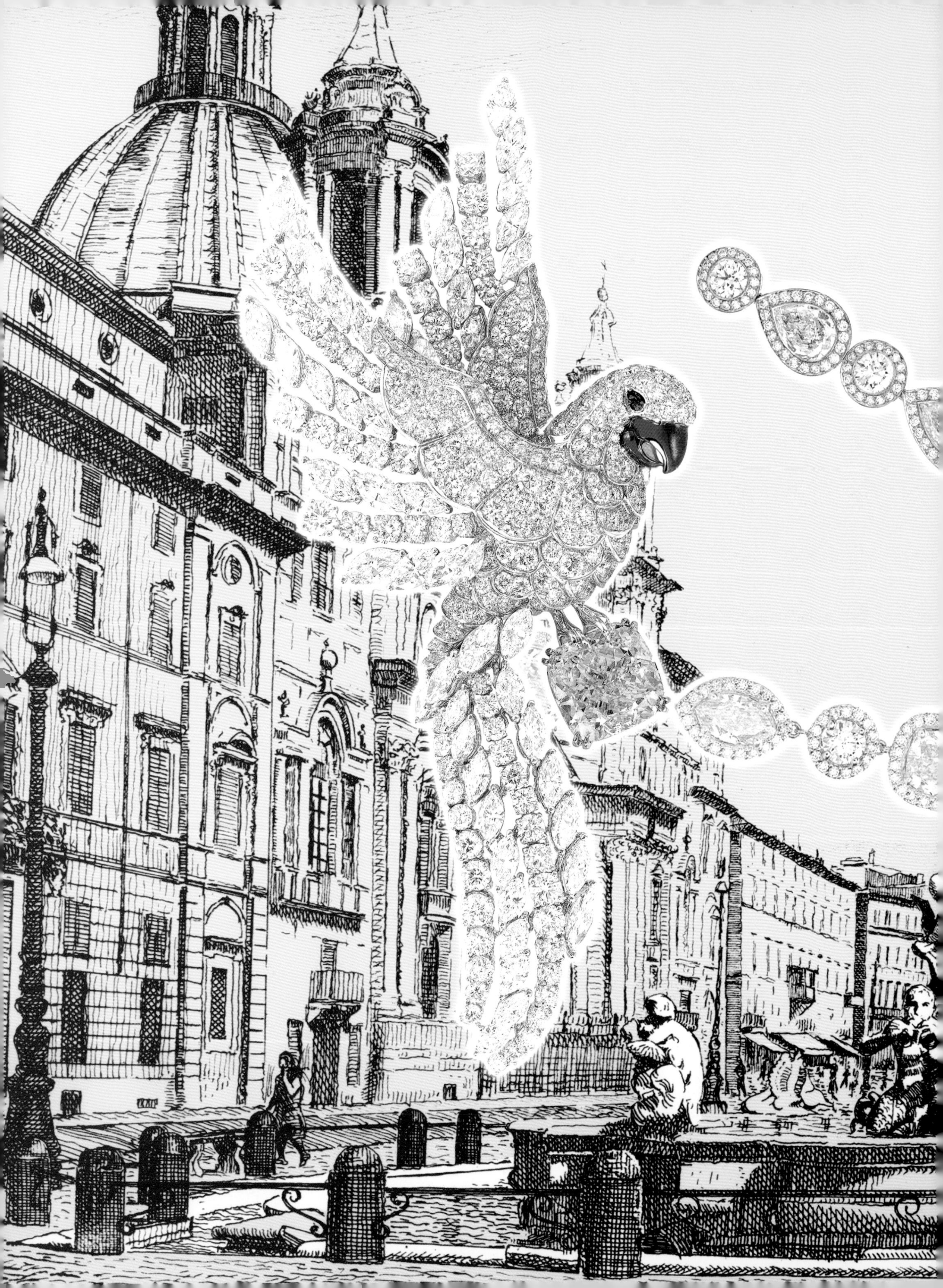

Graff 格拉夫浓彩黄钻鹦鹉胸针
Tiffany&Co. 蒂芙尼钻石手链、
帕洛玛——毕加索系列珐琅手链

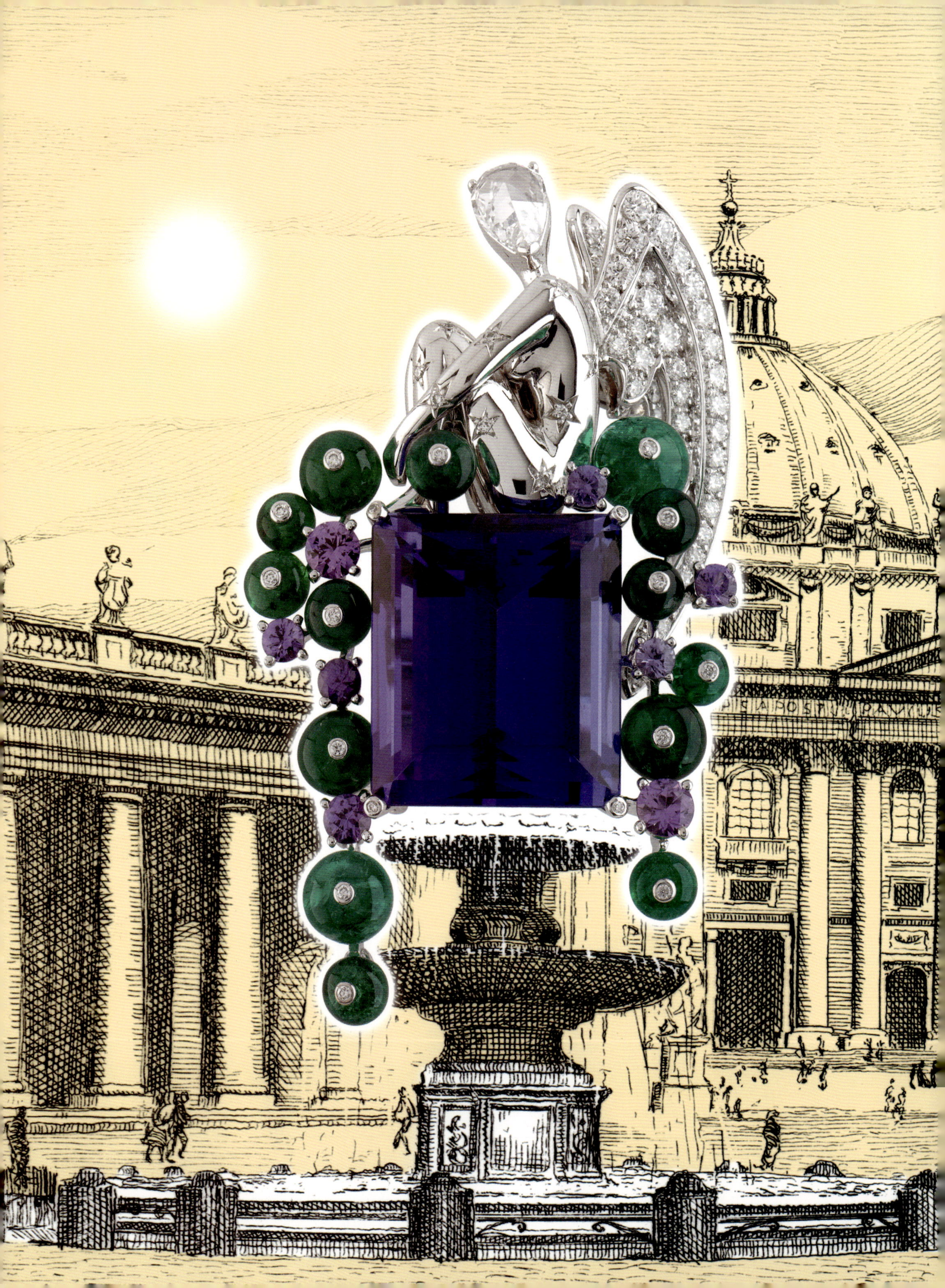

Van Cleef & Arpels 梵克雅宝
花园系列高级珠宝胸针

重回摩登年代

　　珠宝不仅能让你体会不同地域的文化,也能带你坐上时光旅行机,穿越到某个年代,感受风格的变迁。比如装饰艺术(Art Deco)风格的珠宝,至今仍备受时尚界的宠爱,可是关于它,关于它所代表的那个摩登年代你又了解多少呢?

　　2013年,一部珠宝迷热盼的电影《了不起的盖茨比》让装饰艺术(Art Deco)风潮又在全球范围内掀起狂澜。电影故事发生在19世纪20年代,第一次世界大战所带来的伤痕慢慢愈合,科技和手工业迅猛发展,爵士乐盛行,股票飞涨,无数美国人一夜暴富。人们一头扎进了享乐主义的旋涡,纸醉金迷的上流社会派对上,女人们身着价值连城、令人眼花缭乱的钻石珠宝盛装登场,在大导演巴兹·鲁赫曼(Baz Luhrmann)美轮美奂的镜头下,就像一个永不疲倦的浮华梦境。而装饰艺术风格的珠宝正是由那时开始兴起,华丽的序幕从掀起就未曾落下。

　　我总觉得装饰艺术风格的珠宝之所以经久不衰,是和它所代表的创新性和革命性的意义分不开的。战争令"美好时代"(19世纪末至第一次世界大战前)的生活态度和心智模式发生了巨变。新创想取代旧规则,华丽的色彩泉涌而出,野兽派、德国表现主义以及俄国芭蕾舞让巴黎人在震惊之余心醉神迷。与此同时,立体主义和抽象设计也开始萌芽。服装亦逐渐开始向满足女性工作和运动的实用性需要偏移。紧身胸衣被抛弃,取而代之的是直筒的长礼服和飘逸宽松的袖摆。 以"花环风格"为代表的繁复略带忧郁的维多利亚珠宝慢慢被摘下,珠宝设计师们开始在抽象的几何图形上倾注巧思,新的"装饰艺术风格"呼之欲出。这种源自于机械美学的摩登明快的简约主义,后来也为建筑设计所采纳,直到1925年,在巴黎举行的"现代工业和装饰艺术博览会"上,这种装饰艺术风格才在美学史上真正获得了名号。

　　装饰艺术风格,代表的一种简洁摩登的审美品位,是珠宝历史的重要组成部分,也是珠宝设计由历史风格迈向现代风格的关键阶段。在它之前,宝石的切割主要是基于圆形(卵形、尖状椭圆形、梨形等),但是新的设计风格对几何感的追

Cartier 卡地亚装饰艺术风格古董胸针

求促使宝石出现了多种多样的几何切割，如狭长形、风筝形、子弹形、三角形、半月形、秋千形等。巴黎著名的珠宝商乔治·富凯（Georges Fouquet）是这样称赞这项革新："这些钻石是如此新颖，由于在钻石工艺方面已经取得了进展，钻石可以像其他彩色宝石一样加工……首饰制品都是组装起来的，切割方式多种多样，有长杆棒形的、三角形的，以及其他各种形状，以使艺术家可以得到其想要的效果。杆状钻石可以比圆形更加闪亮，而最能突出闪光的莫过于将其并列起来。"从此，设计师们开始向任何事物都敞开心扉，他们的灵感不再停留于花花草草，而是来自轮子、汽车，或者是某个机械设备。

装饰艺术风格的年代不是个色调折中的年代，对比强烈的色彩在珠宝中的应用迎合了当时西方社会生气勃勃而极为乐观的普遍情绪。卡地亚把缟玛瑙用人工方法染成黑色，与白色的钻石一起制成黑白色调珠宝饰品。电影《了不起的盖茨比》中，杰伊·盖茨比（Jay Gatsby）佩戴那副由蒂芙尼（Tiffany&co.）打造的黑色珐琅袖口也印证了这一风格。

在同一时期，人们对于珠宝的材质传统观念也出现了颠覆性的变革，法国前卫设计师们提出："美的材料并不一定要稀有珍贵，最重要的是材料本身所具有的天然品质和适合工业加工的特点，以及它们是否能够取悦我们的眼睛和触觉，珠宝材料的价值来自理智的使用。"你会发现，在一些设计中，黄金、白银、铂金被组合运用，人造仿真珠宝开始出现，比如香奈儿仿真珍珠首饰。一开始，人们佩戴它们时还有所顾忌，后来，女性们逐渐坦然地佩戴仿真珍珠和人造珍珠出入于各种社交场合，仿真珍珠越来越大，还被染成各种色调以便和衣服匹配。人们对于珠宝的传统理解改变了，佩戴珠宝不再为了炫富显贵，而是为了展现风格和品位。

在某种意义上说，装饰艺术风格不仅仅是一种艺术流派，也同时代表着一种勇于打破常规的精神，无论身处任何时代、任何背景下，这种精神都是这个世界所呼唤的。

Chopard 萧邦高级珠宝项链

Bulgari 宝格丽古董珠宝耳环及项链

Chanel 香奈儿顶级珠宝山茶花系列手镯、
戒指、耳环及黑色彩漆胸针
Chanel 香奈儿屏风高级女士腕表

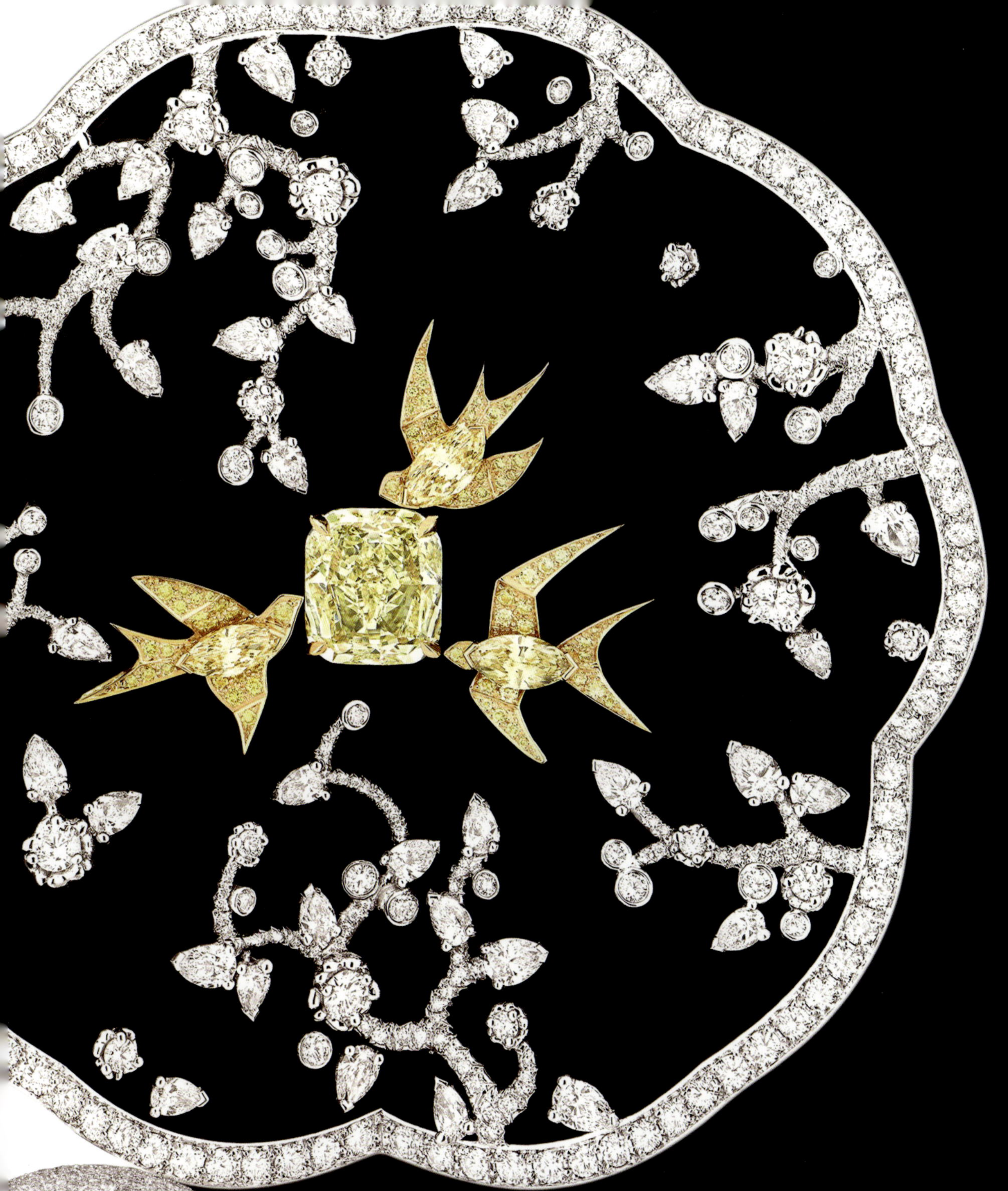
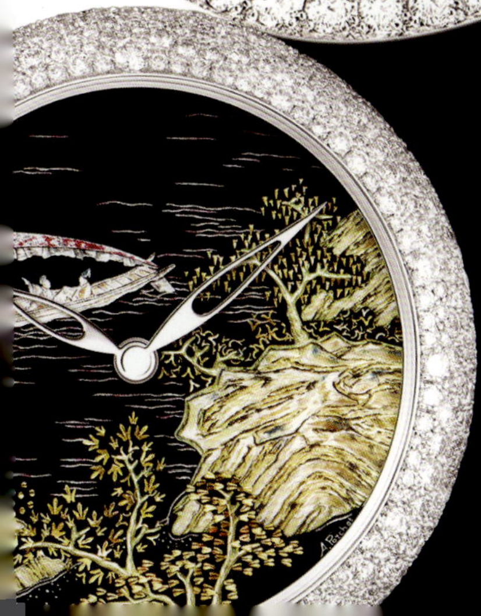

幸福在路上

周大福 The Perfect One
完美婚嫁系列钻石皇冠

　　时值初秋,亚平宁半岛的天空显露出让人意乱情迷的云淡风轻,是一年中最美的季节。米兰郊外的一位公爵的庄园里,正在举行一场特别的婚礼。

　　宽阔而松软的草坪上,女士们身着纯净而圣洁的白色礼服,挽着心爱的另一半,正依次步入布满鲜花的走道,在她们的耳畔、脖颈、指间,甚至头顶上,璀璨的钻石珠宝正在阳光的照耀下熠熠发光,映衬出因喜悦而泛出红晕的双颊。这些人是由周大福发起的"求婚大作战"选出的六对情侣,当然,新娘身上的高级珠宝也是周大福特别为她们空运来的。在司仪的指引下,在众人的注目下,他们交换戒指,接着深情拥吻,然后互相依偎着对彼此许下承诺。尽管并未身处豪华的礼堂,也没有众人簇拥的盛大排场,在场的所有人依然为这温馨的时刻而动容,每对新郎、新娘交换对戒的一刻,心里总要泛起飙泪的冲动,和我一起去的化妆师君君甚至感动得哭花了脸。

　　一对90后的情侣在人群之中显得分外引人注目,男孩一直变换姿势用身体遮住女孩,原来是为了帮女孩挡住阳光不被晒黑。后来我才知道,他们是在参加一台选秀节目认识的,虽然两个都落选了,却阴差阳错地走到一起。刚认识时,女孩还是个"衣来伸手,饭来张口"的大小姐,因为遇到他,现在做起家务已经驾轻就熟。刚认识时,男孩情绪化到动不动就发脾气,后来遇到她,不但讲话变温柔了,体贴入微到连自己都难以相信。

　　他们之中有一对来自台湾地区的新婚夫妇。丈夫喜欢旅行,热爱冒险,尤其喜欢去以色列、印度这些比较动荡的国家。我本以为称职的太太一定会追随左右,可是事实完全相反,太太从来不跟着去,我问为什么,她淡淡地说道:"他总爱去那些危险的地方,万一出了什么事情,家里的老人、小孩还需要我来照顾。"在他们身上,婚姻是个勇敢的决定。

　　还有一对是历时四年才终于修成正果的异地恋人。男孩在上海工作,女孩在杭州上学,男孩刚开始追求女孩时,每个周六、日都会做好几个小时的车到杭州去找女孩。两个人几乎从来不吵架,他们把生活中一切的喜怒哀乐、琐碎的小事或重要的决定都坦诚地彼此分享。此刻男孩高举钻戒,单膝跪地发誓此生与她共度,我能感到那颗心跟他手中的钻石一样,是晶莹而纯粹的。

　　还有一对已经结婚十年的夫妇——林先生和雷女士。在这个特别的仪式上,丈夫说:"在适合的时间,遇到适合的人,刚好就适合结婚。"妻子的回答是:"这是我人生第二次婚礼,对象依然是我最爱的你,如果有来生,我依然愿意这个人是你。"那一刻,发自肺腑的言语不需要任何点缀,婚姻并非围城,是真爱总会白头偕老。

　　那一刻,我觉得爱情真的很奇妙,它好像可以很自然地渗透到生活的各个角落,悄无声息地钻进一个人身体所有的缝隙里,它潜移默化地改变着你,为了所爱之人你甘愿磨去棱角,去配合对方的节奏,包容彼此的不同,并立志成为更加闪闪发亮的自己。难怪人们把钻石视为爱情宝石,它们曾是地底沉积百年的坚硬石块,经过悉心打磨才有今日的纯净光芒。正如今日修成正果的你和他／她,从相识到结发,从结发到白头,也经历着无数次的磨合与考验,就像一场牵手同行、充满意外与惊喜的旅程,期待一切幸福的可能。

我再次回忆起与这些情侣们一起经历的在意大利充满爱的旅程。跟这些情侣们一起走过气势恢弘的罗马,邂逅风景如诗的翡冷翠,圆梦在梦幻的米兰郊外,意大利的建筑风格、人文风情里透出浪漫多情的分子,也见证和庇佑了这些追求幸福爱情的人们。

旅行的第一站从罗马开始。在这个建筑工艺极其考究的万城之城,每一砖一瓦都是遗迹,每一处遗迹都有诉说不完的故事。在这里人文古迹的密集程度可以用脚步来丈量,苦了双脚,也让眼睛经受了一波又一波视觉轰炸。斗兽场虽已是断壁残垣却依旧可以看到昔日的雄伟辉煌,无须一根支柱撑起的万神殿现在看来依旧是建筑史上的艺术杰作,而圣彼得大教堂内珍藏的米开朗基罗的雕塑、贝尔尼尼的青铜华盖、拉斐尔的壁画则高傲地迎接我们一双双虔诚仰视的目光,大街小巷星罗棋布的雕塑、喷泉,随便一个都可能是出自贝尔尼尼和博洛米尼等艺术大师之手,罗马就像个巨大的露天博物馆,而意大利人就是天生的雕塑家。在电影《罗马假日》里那个著名的西班牙台阶,所有的情侣都在那里合影留念了,在《罗马假日》的气息中,大家都是满脸的陶醉。

而后,我们又到了文艺复兴的发源地——佛罗伦萨。不同于罗马,这里狭窄弯曲的街道更能让人感受到生活的气息。在充满意大利古典建筑的精神和"哥特式"风韵的圣·玛利亚教堂前,仰望它标志性的红色屋顶,抚摸它彩色大理石的浮雕墙面,我们回味着这个城市的淳厚和诗意。平静安宁的阿诺河上,落日余晖里的黄金桥真的像是在散发着金子般的光泽,古老的城市散发出年轻的活力,凝固成一个宛若油画般的景色,谁又能想到这座老桥曾经还是皇室从市政厅大楼到河对岸的皮蒂宫所通行的专用通道呢!当晚,在但丁故居旁边的西餐厅里,周大福的工作人员布置了一场温馨的晚宴,他们把旅途中为这些情侣拍下的照片贴在餐厅的一面墙上,这些照片忠实地记录了沿途的欢笑和感动。有的情侣说,他们一起去过很多地方,这是唯一没有吵架的旅行;有的情侣说,每一次的旅行需要担心的事情太多,但这一次是放心的太多。幸福的旅途并不总是一帆风顺,说到底,正因为这旅程中的起起伏伏、高高低低,爱情才有了跳跃的音符、动人的旋律,所以我说幸福就在路上!

THE SECOND RENAISSANCE

周大福
Perfect Love 系列铂金对戒 "辉映"

周大福
The Perfect One 完美婚嫁系列钻石项链、
水中花系列 PT950 钻石戒指及耳环

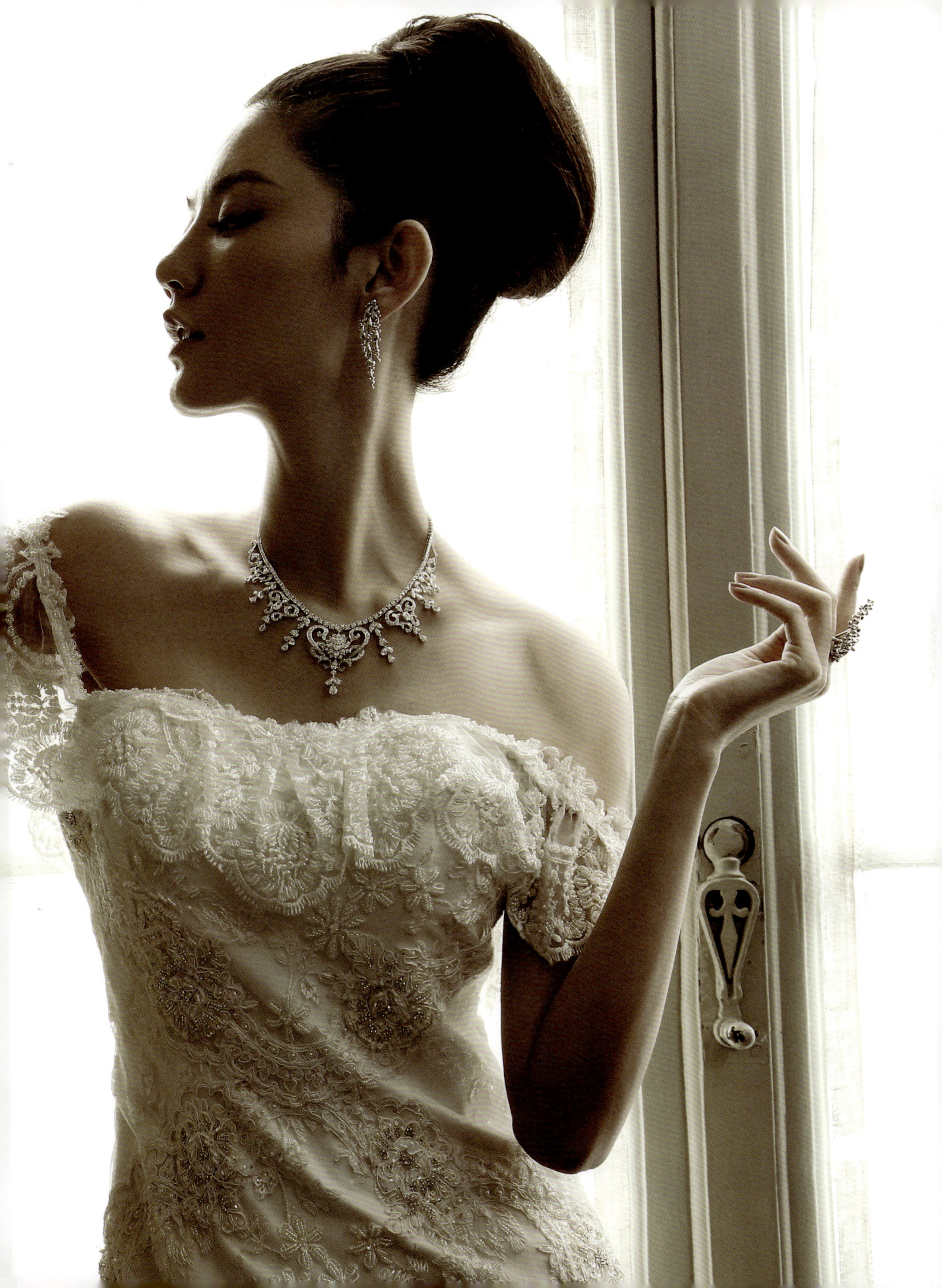

周大福骄人系列豪华款 18K 金钻石吊坠

周大福骄人系列单颗美钻戒指

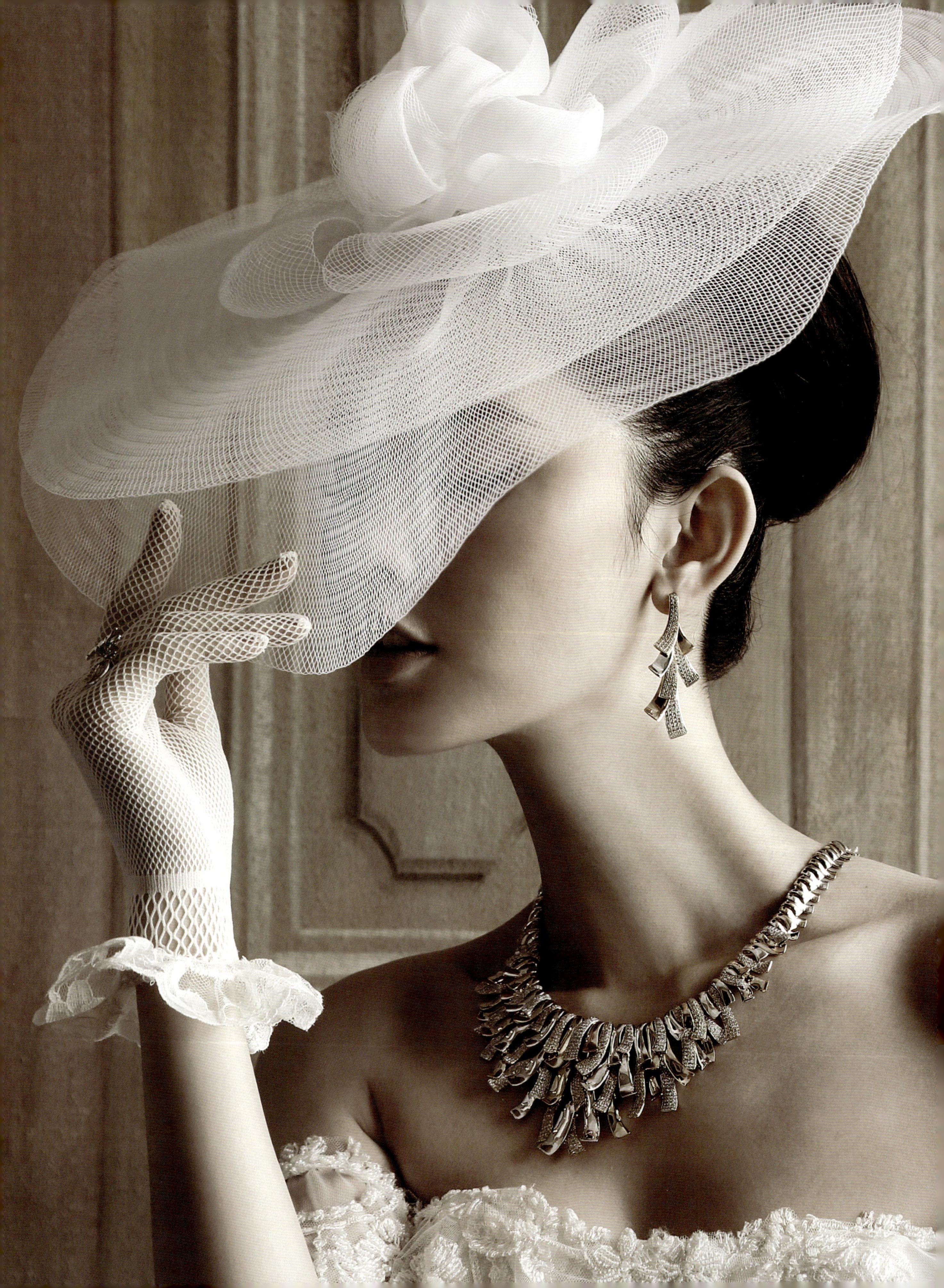

周大福逸彩系列"舞曳"18K 金钻石项链、耳环及戒指

最炫异国风

有时候，一个伟大的珠宝设计，仅仅是来自对一个地域的迷恋，对一种异国人文的追寻。就像时尚设计大师乔治·阿玛尼（Giorgio Armani）所说，"在异国风格的设计中，你会发现它们超越了我们最疯狂的梦境。"

就在24个小时前，我和我的团队还在香港地区某个并不算宽敞的酒店套间搭出的简易摄影棚里，争分夺秒地拍摄"暹粒·璀璨光映"周大福2014名贵珠宝，整个系列三、四十件作品几乎全部到齐，铺满了整个房间。硕大的碧玺、海蓝宝、石榴石等组成的充满异国风情的大型珠宝，在模特的脖颈上熠熠发光。而这些珠宝的设计者，正是周大福珠宝集团的执行董事——郑志刚先生，这位业界知名的收藏家也是艺术家，为了做出最好的设计，他曾带领团队数次深入柬埔寨的这片充满传奇的土地，在自然的原始风光中寻觅灵感，在当地淳朴的民族率性和人文氛围中探寻异国悠远文明的启示。

一番寻寻觅觅造就一个浪漫的果实：眼前这些稀有的宝石经历了一番异国文化的神圣洗礼，就像是写生画被加上了一抹浓重的油彩，通过色彩、光泽、纹理及线条，凝练为一件件真正的人间艺术。现在，我想带着你跟着这些设计走进神秘的高棉帝国。

还记得王家卫电影《花样年华》最后的一个镜头吗？梁朝伟饰演的周慕云对着一面墙上的树洞诉说出心中深藏已久的秘密，然后以草封缄。据说从此以后，没有人会知道曾经发生的事情……那里就是吴哥窟留给人们的一个神秘侧影。王家卫到底是王家卫，这个情结只有在这个山长水远的神秘地方，才能拍出慑人的美感。话说吴哥皇朝曾在中南半岛上盛极一时，但仿佛一夜之间在地球上消失，直到19世纪60年代法国探险家亨利·莫哈特（Henryi Mouhot）在树林中发现吴哥古城遗址，这座被掩藏了超过400年的秘密花园得以曝光，因此，始终带着神秘的色彩。就像亨利·莫哈特说，"此地庙宇之宏伟，远胜古希腊、罗马遗留给我们的一切。"并非发现者的夸大推销，而是它给人的真实感觉。在建筑形态上，它可以说是雕刻艺术的宝库，错综的回廊构成虚与实对立的奇幻空间，梁柱包围的形状框限视线，置身其中，让人对未知的空间更感好奇。于是设计师以窥视和发现为题，用金色的竹节形营造相互交错的镂空形态的腰带搭扣，营造如同吴哥神殿一般的空间错觉。

钟情吴哥窟的大导演不只王家卫一人，安吉丽娜·朱莉主演的《古墓丽影》中的一个重要场景，也在吴哥窟——那参天的木棉树与神庙交缠在一起的震撼场

「暹粒·璀璨光映」周大福2014名贵珠宝系列 The Terra 万旅千寻皮带

景正是位于吴哥窟的塔普伦寺(Te Prohm)之中,这里,树木的根茎已经深入遗迹的建筑结构,有种与寺庙合二为一之感,如果你真的到过这里,震撼的感觉远比电影中来得强烈,盘根错节的高大树枝如发丝痴缠着寺庙,树靠庙生,庙倚树存,像是皆有灵魂一般,彼此间微妙平衡,人在其前,小如蝼蚁。于是设计者突发奇想,以几何形状勾勒寺庙布局,一颗碧玺主石代表庙宇主殿,镶满白钻的流线外框犹如回廊,与之相连的18K黄金和玫瑰金扭缠而成的手链,生动模仿出木棉树的天然形态。在另外一条长至腰际的金色项链上,木棉树根则化作彼此项链的流苏链饰,诠释旭日东升的时刻,树木间被披上金色光芒的如画奇景。

来到吴哥,一定不能错过吴哥窟的日出,这里的日出和马尔代夫、中国黄山的日出截然不同,只因为吴哥窟的天空带着变幻的色彩之美。最初,地平线上的云彩开始泛出晕红,吴哥窟的轮廓在蓝紫色的天空里一如剪影一副,天上还有一弦弯月,几粒明星,流连于黎明的天空。接着,彩霞开始漫天,天色呈现出由金至红,由红至紫,由紫至蓝的绚烂颜色里,如晕染出的丝缎般壮丽,很快的,太阳跳出地平面,整个古城瞬间被金色笼罩。设计师显然也迷恋这日出之景,所以才用罕有的南海孔雀绿珍珠串成长链,巧妙地再现日出时的蓝紫色的醉人云海,再加上绿色石榴石和白钻散布于蓝宝石之间,有如流行的光华,偶尔划过渐亮的长空。

如果说吴哥的日出道出的是柬埔寨的恢弘,那么洞里萨湖的日落则诉说着柬埔寨的秀美。洞里萨湖,是东南亚最大的淡水湖,它对于柬埔寨而言,就像尼罗河之于埃及。这里独特的风情便是搭建在水上鳞次栉比的高脚屋,这些水上房屋原汁原味地反映了是柬埔寨普通人们的生活,所有的村民都在这里繁衍生息,当雨季来临时,湖面一扩大,这条村庄的木屋便会随着竹排的浮动而移动。只需用一根竹竿撑着,找一个水更浅、靠陆地更近的位置就可重新安家。当落日的余晖洒下,平滑如镜的湖面便会倒映出大小不一的长方形高脚屋景致。这个情景又被设计师巧妙地捕捉,大小不一的长方形蓝宝石、青金石错落地排列为一副项链,透明的、半透明的和不透明的宝石直接镶嵌在薄薄的水晶片上,难度极高,光与影在其间偷偷地变化着,把混沌迷惘的心灵也照亮了。

柬埔寨之美一段历史、一门艺术、一方崇拜,再多的笔墨也不能全然道尽。还好,有珠宝艺术家用瑰丽的珠宝代替纸笔,代替影像,将大自然的原始美态和人文风情以最艺术的方式永久封存。

「暹粒·璀璨光映」周大福 2014 名贵珠宝系列
The Meadow 茂蔓碧悦吊坠
The Halcyon 凝静光瓣项链、手镯及戒指

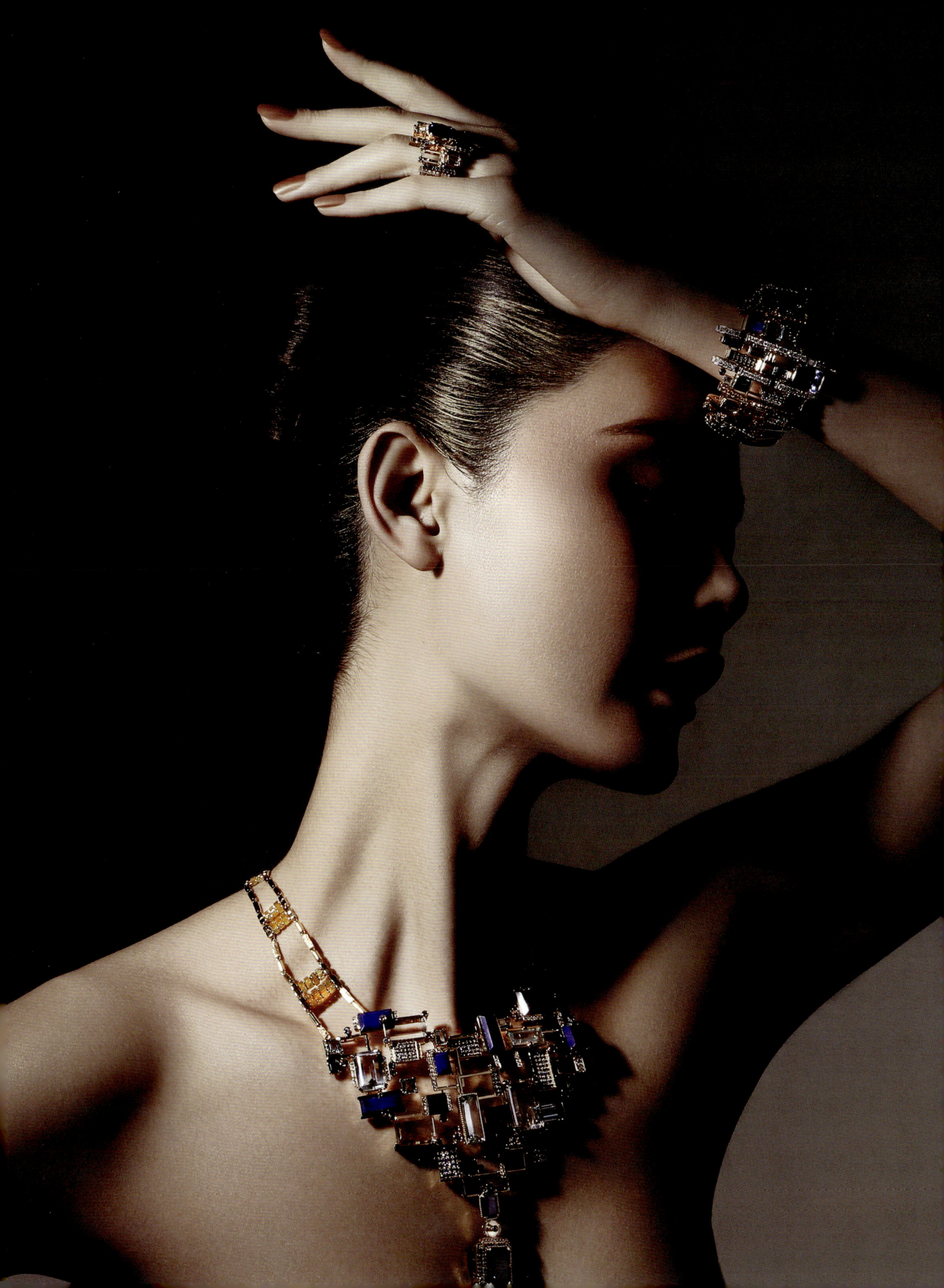

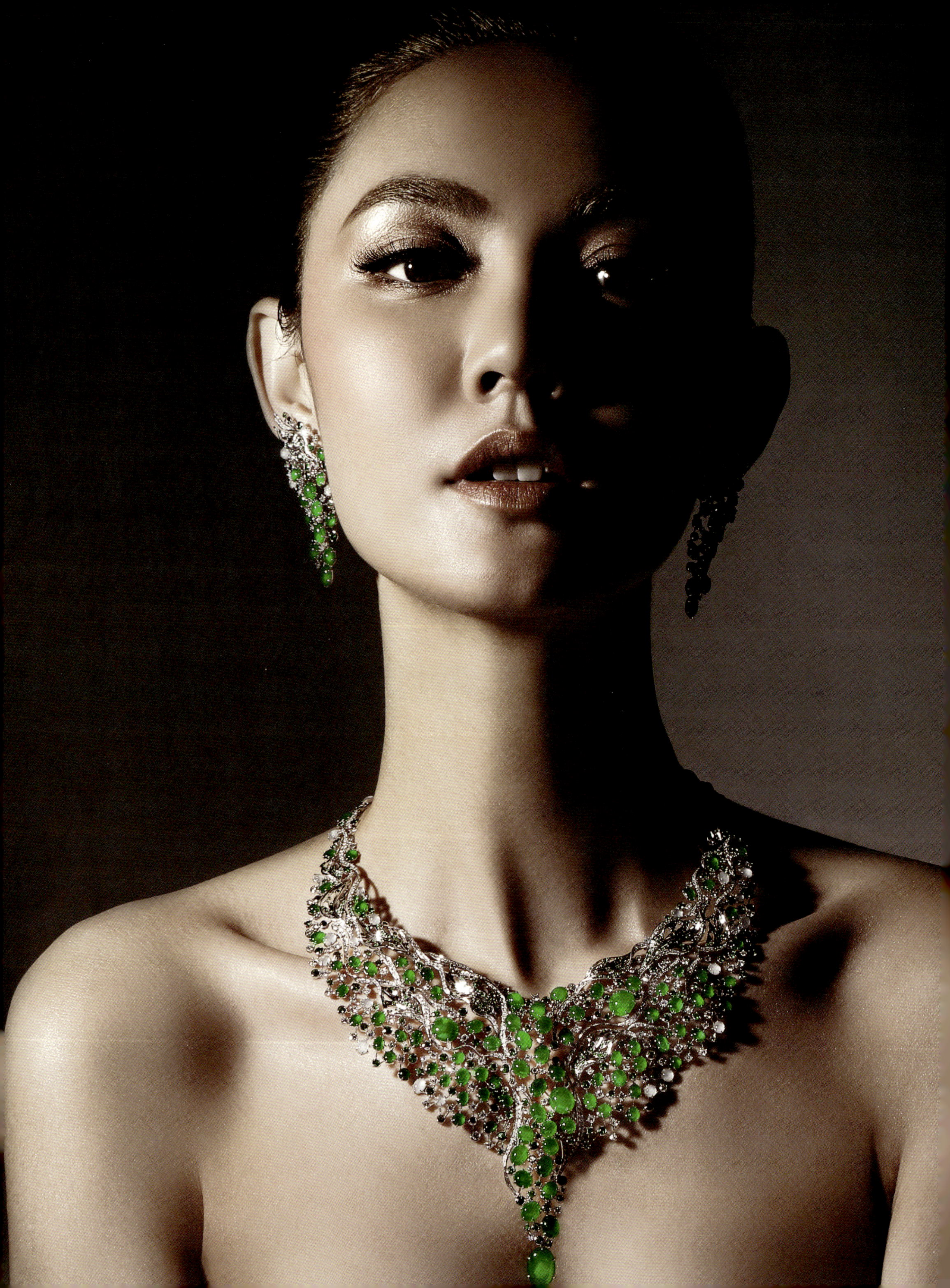

「暹粒・璀璨光映」周大福 2014 名貴珠寶系列
The Morning Dew 津澤翠原項鏈及耳環
The Halcyon 凝靜光瓣手鏈

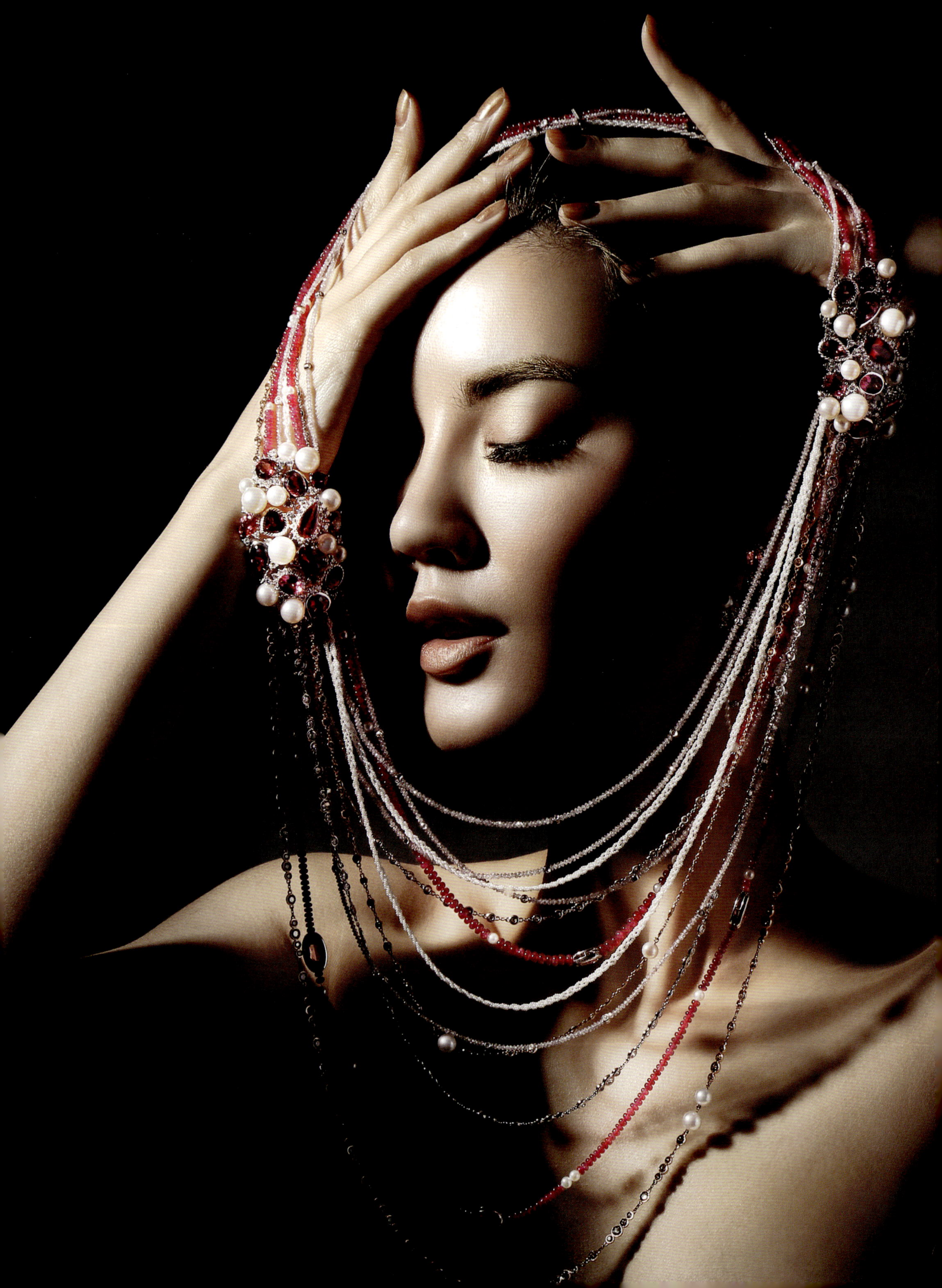

「暹粒·璀璨光映」周大福 2014 名贵珠宝系列
The Zephyr 逍遥清拂项链

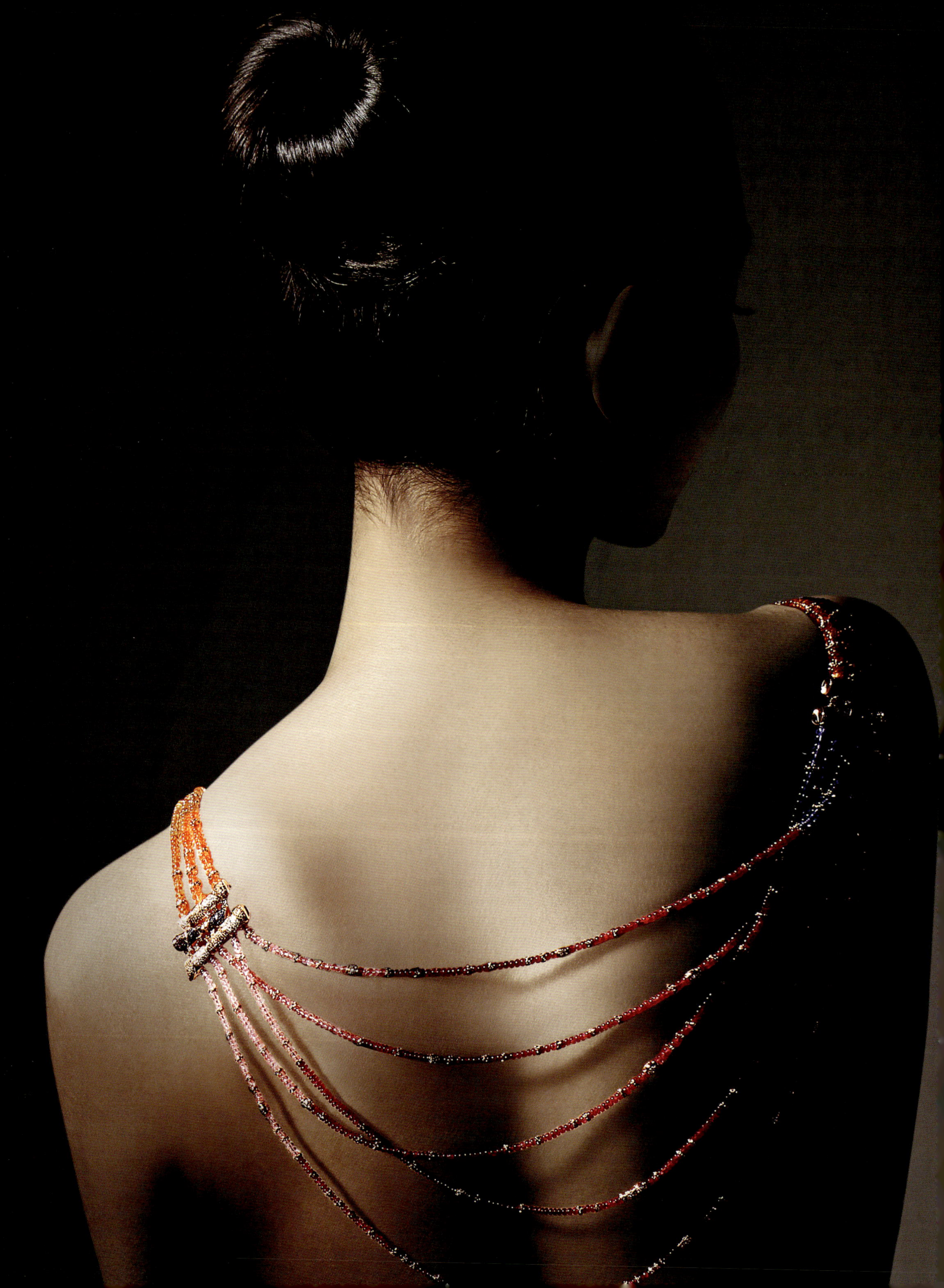

「暹粒・璀璨光映」周大福 2014 名贵珠宝系列
The Chameleon 绚丽长空项链
The Morning Dew 津泽翠原耳环

「暹粒·璀璨光映」周大福 2014 名贵珠宝系列
The Chameleon 绚丽长空吊坠
The Aurora 紫映晨曦项链

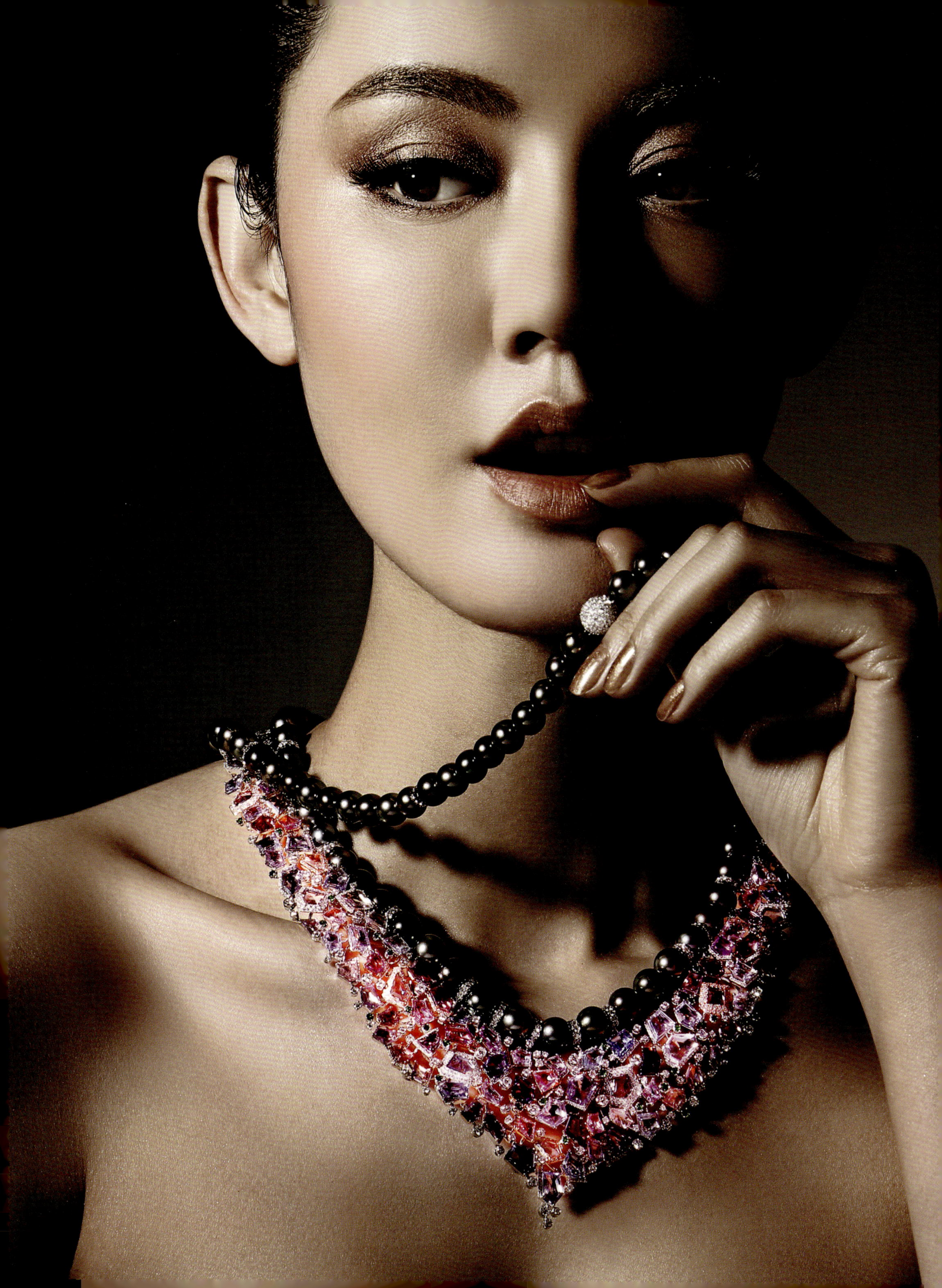

五个最传奇的盛装舞会

几年前，我拍摄过一组以路易十四时期的舞会为灵感的珠宝大片，模特们被统一装扮成绝代艳后粉唇白面的模样，手持宫廷羽扇，珍贵的珠宝变作华服，也算是过了一把舞会的瘾。拍摄这组片子还有个原因，就是为了证明珠宝是优雅的生活方式中不可或缺的一部分。在西方国家的传统里，舞会是种文化，盛大舞会是上流社会奢华生活方式的一种艺术表现，而流光溢彩的珠宝正是它们的见证者。舞会幻化为漂亮首饰的展览厅，那些稀世宝石好像生来只为这个璀璨光芒的时刻而存在。

几年前，梵克雅宝以一系列光华璀璨的舞会珠宝向世界上最有名的5个盛装舞会致敬，这篇我们就通过这些珠宝八卦一下这几个传奇舞会的故事，若它们能成为你茶余饭后一个优雅的谈资也是极好的。

Bulgari 宝格丽古董珠宝项链及耳环

东宫舞会 最盛大的排场

在冰雪覆盖下的圣彼得堡，雪橇陆续停在冬宫的御花园前，宾客脱下身上的皮草后，沿约旦大阶梯拾级而上，走向宫殿厅堂。于巴洛克风格的镀金和大理石装潢映照下，宾客的中世纪装扮别有一番风味。这正是俄国雅丽珊德雅皇后御笔亲题的舞会主题——17世纪俄国宫廷。

女士身上穿上天鹅绒和金线织花锦缎所制成的色拉凡连衣裙，缀以珍贵华丽的绣花和细致修剪的动物毛皮，首饰都配衬得犹如衣服的一部分。冬宫的瑰丽的装潢正是当世数一数二的场地，三个相连的豪华聚会厅：皇室接待厅、尼古拉宴会厅和音乐厅，每一个都可以俯瞰涅瓦河美景。宾客按身份地位获引领到三个大型聚会厅其中之一作息。晚上9时，阿比西尼亚卫士打开音乐厅大门，宫廷卫士长以手上的钻石令牌轻点地面三次，宣布皇室成员即将驾临。盛装打扮的沙皇尼古拉二世需要45分钟才能穿越满堂宾客进场，而在殿堂内上千支洋烛的照耀下，宾客身上的珠宝玉石更见璀璨。雅丽珊德雅皇后更特别授意摄影师为舞会上打扮最华丽的宾客拍照。

Bulgari 宝格丽古董珠宝项链及耳环

Bulgari 宝格丽古董珠宝项链

世纪舞会 最奢华的宾客

唐·卡洛是一个法国阿根廷皇朝的富有子嗣，他对18世纪情有独钟，要举办一个以"18世纪"为主题的化妆舞会，重现这个城市昔日的华丽风采。他把舞会地点定于宏伟的威尼斯利比亚宫，这里的接待室是以提也波洛的画作为装饰。

尽管请柬上印着："晚上10时恭候"。早于两个小时前，大运河沿岸的大小桥梁和河堤，都已经挤满了看热闹的群众。没有一个人愿意错过这场精彩的表演。这一晚，赫赫有名的法国女装设计师杰奎斯·菲斯（Jacques Fath）在威尼斯小艇上昂首挺胸，从大运河彼端轻舟而至。他一身太阳神的造型满是金黄绣花，几乎令他难以坐下。戴安娜·库柏（Diana Copper）夫人，名媛社群"咖啡厅会"中最高贵、果敢的女士，以一身叹为观止的埃及妖后造型华丽登场。唐卡洛则以总督造型现身：艳红锦缎长袍配上夸张的"古式高统靴"，令身型更显高挑。这位总督优雅地向每一位来宾问安。在利比亚宫后方，他加盖了看台。4000位匿名观众兴奋地观看宾客到场。无论场内场外，这场世纪舞会都欢庆达旦，延续至破晓。

黑白舞会 最讽刺的结局

1966年4月28日，一位自称"美国最著名作家"的人自纽约寄出请柬，只有"少数幸运儿"有幸获邀，这位正是小说《珠光宝气》的作者卡普提。最高级的假日酒店的宴会厅，笼罩在一片黑白光影中。作家卡普提以盛大舞会为自己的文学成就致敬，广邀全球五百位知名人士共庆此辉煌时刻。玛莲德烈治、嘉宝、慧云李、美亚花露和法兰仙纳杜拉等影星，为舞会添上好莱坞魅力。亿万富豪安格尼利斯家族、洛克菲勒家族均获邀出席，前国家元首温莎公爵伉俪、印度斋浦尔国王王后也粉墨登场。政界才俊也在场内展现丰采，当中包括肯尼迪家的几位成员。他们每位宾客的衣着都严守舞会的服装主题——"黑与白"。

虽然这场舞会标志着卡普提的作家和记者生涯高峰，但同时也是他的事业和社交声望下跌的导火线。主办这个传奇舞会以后，他毕生都没有再尝过如此优越的感觉。主办舞会可谓是一门有风险的事，在选择宾客的同时，也代表了拒绝其他人。盛极一时的黑白舞会为他惹来了"被拒"名流的恨与怨。他离世后，部分亲密朋友透露："他让五百个人高高兴兴地参与这个舞会，但也令上千人因为不获邀请而与他为敌。"

Bulgari 宝格丽古董珠宝胸针

Bulgari 宝格丽古董珠宝手链

东方舞会 最传奇的名单

　　12月的一个冬夜,巴黎数一数二的豪华住宅区圣路易岛,小岛边缘处的一幢建筑,只消跨过偌大正门的门槛踏入庭园,宾客即远离巴黎,进入热闹的东方世界。两头纸糊艺术所制的巨象,分别镇守酒店大门的两旁。通往上层的阶梯,每一阶都有手持火炬的非洲守卫伫立。在接待厅的尽头,豪宅的主人赫德(Redé)男爵向宾客问安。他是奥匈银行家之子,又获法兰兹约瑟夫赐封男爵,他与举足轻重、富可敌国的达官贵人相交甚深。他打造成功晚宴的秘诀都蔚为佳话,在嘉宾抵达前往花束上洒香水就是一例。这次东方舞会中,盛大自助餐的服务员受命要定期将餐盘带回厨房填补餐点,因为他认为"半空的盘子最扫兴了"。

　　有幸获邀的人为了公布这一消息,无所不用其极。落空的人为掩羞愧,慌忙安排外游活动。19世纪60年代法国影星碧姬·芭铎穿上(或该说是脱剩)一身紧身金属鱼网出席,尽显完美身段。法国最高贵的两位男爵夫人,各自选择了东方造型的两个极端出席。其中一位穿上毛皮和绯红绣花丝绸礼服,代表中亚风情,另一位则以传统柬埔寨舞娘造型现身。画家达利亦携同他当时的灵感女神阿曼达·丽儿(Amanda Lear)赴宴。

普鲁斯特舞会 最稀有的珠宝

　　那一夜,据部分宾客忆述,前往费里埃古堡的林间道路上雾气弥漫,雾中世界洋溢着一股神秘虚幻的气氛,就像置身恐怖电影中,鬼魅在暗角蠢蠢欲动。她,罗斯柴尔德(Guy de Rothschild)男爵夫人,众人眼中的巴黎社交界女王,决定为作家普鲁斯特举办一个百年生日庆典。罗斯柴尔德男爵的祖先在19世纪所建的巨大费里埃古堡,更是这个舞会的最佳舞台。八百位宾客的衣着高雅细致,各个衣着犹如普鲁斯特的长篇巨著《追忆似水年华》中的人物。当中最特别的非女影星玛丽莎·贝尔森(Marisa Berenson)莫属,她没有打扮成普鲁斯特笔下的人物,反而以普鲁斯特同年代的名人造型亮相——卡萨提公爵夫人(Marquise de Casati)。总是衣着浮夸,是"美好年代"多位艺术家的灵感女神和捐助人。舞会是炫耀稀有珠宝的绝佳舞台,普鲁斯特舞会更是世人见证部分顶级瑰宝的难得机会。温莎公爵夫人以多颗华丽的淡黄色钻石妆点造型,整套珠宝包括一条项链和一对耳环。伊丽莎白·泰勒戴上的黄金镶钻发饰,由梵克雅宝(Van Cleef & Arpels)为她特别设计,散发尊贵光华。贵为舞会女主家的罗斯柴尔德男爵夫人穿戴十行珍珠亮相,配以钻石手环,两枚指环上更镶上惊人的马眼形切割钻石。

Bulgari 宝格丽
古董珠宝项链

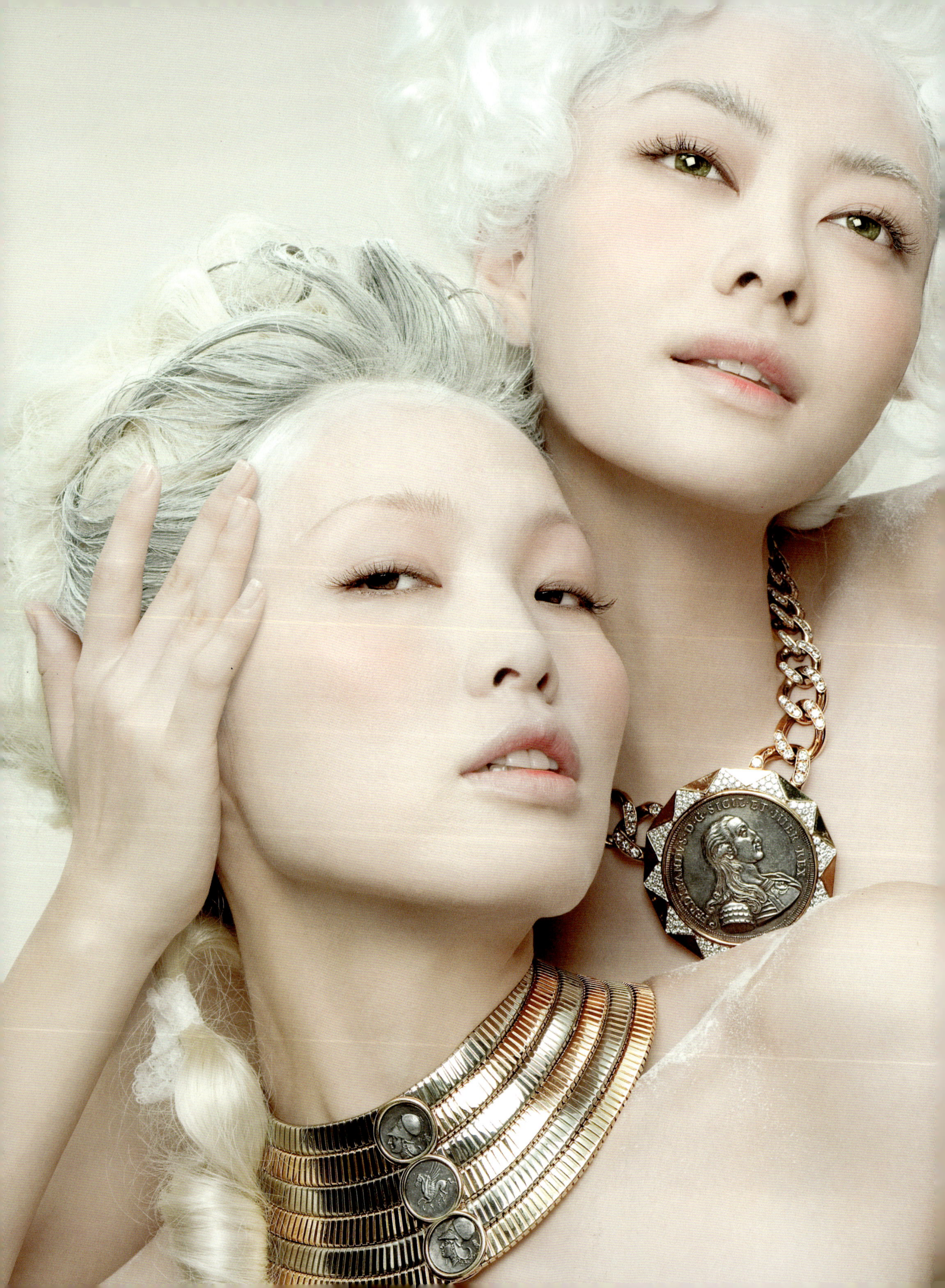

Bulgari 宝格丽古董珠宝链项链手镯

Cartier 卡地亚手稿

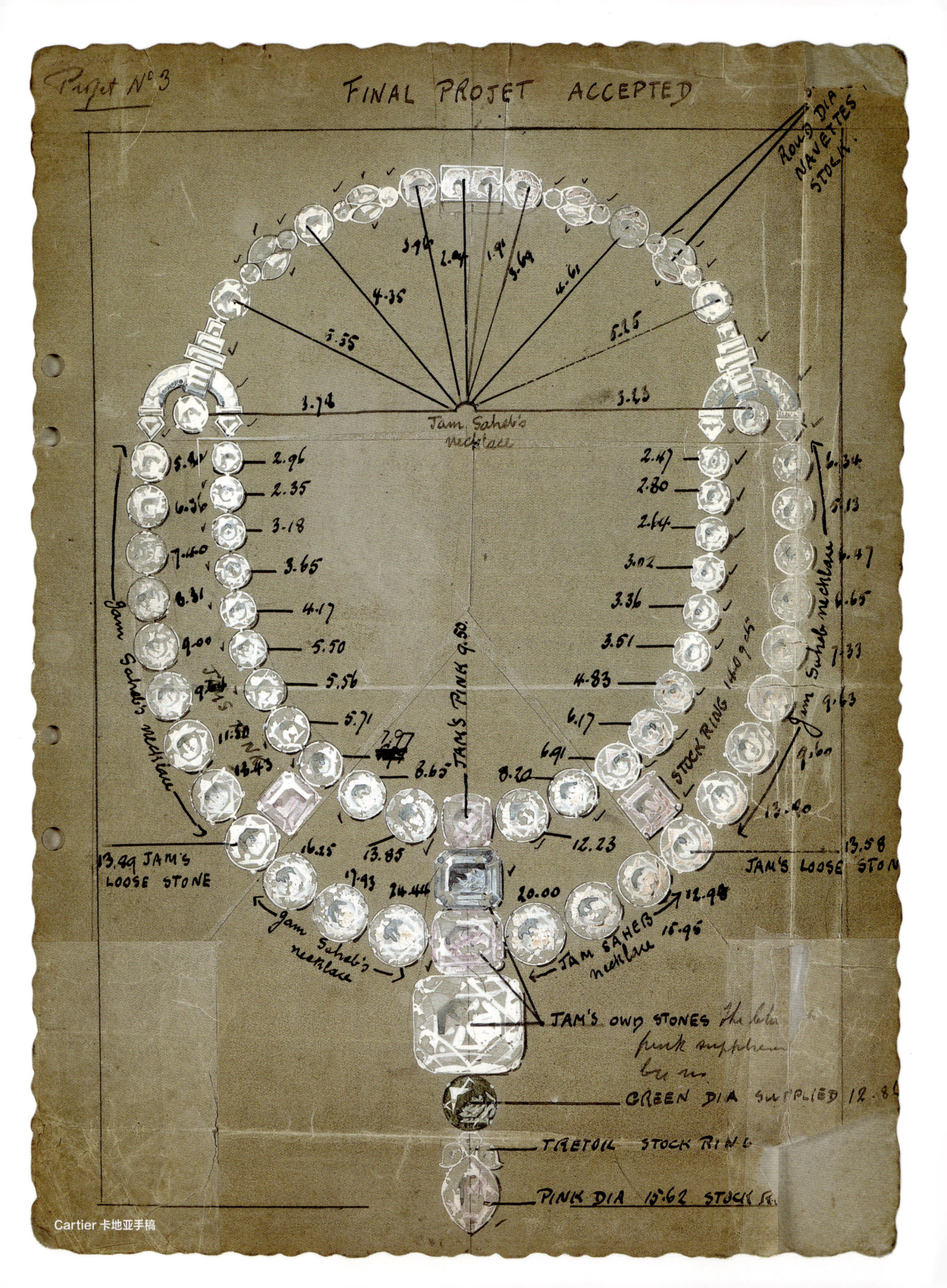

第三章
极致工艺

技术推动着艺术，艺术以技术为依托，
再珍贵的宝石也要靠高超工艺方能绽放华彩，
珠宝行走在二者的交汇处。

一场穿越时空的旅行

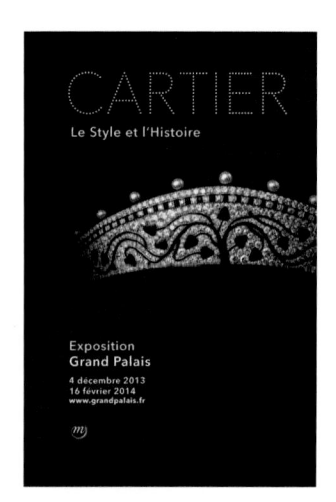

卡地亚典藏环球之旅
"风格史诗"珠宝展览海报

工作常常使我处于连环飞行的状态，两个月前，我跟往常一样登上那个再熟悉不过飞往巴黎的航班，只是这次的心情格外不同，期待中又有点紧张，因为此行的一个重要目的，是去大皇宫看卡地亚第 26 场名为"风格史诗"的全球巡回珍宝艺术展。

去之前就听说这场卡地亚有史以来最大的一次展览已经轰动了整个欧洲，心中自然有不小的期待。那么紧张又从何而来呢？我曾不止一次看过卡地亚的珍宝展，比如 2009 年那次故宫博物院的展览上，众多以中国为灵感的借由玉石、漆器精雕细琢的卡地亚珠宝藏品让我深刻感受到中西方文化的奇妙共融，而 2013 年沈阳的大型皇家珠宝展上，数百件东西方皇室珠宝让人大饱眼福的同时也心生敬畏之意。这次又会有怎样的惊人之作在等待世人的仰望呢？又将以怎样的新形式展出呢？我在心里默默给策展人捏了把冷汗。

从观展人数能最直接地看出一个展览的火暴程度。那一天几乎是巴黎入冬以来最冷的一天，早上 8 点，整个巴黎还未从酣梦中苏醒，大皇宫门口已经大排长龙，让人根本摸不着队尾。我跟着媒体队伍才得以提前进场。

踏进展厅，目光立刻被穹顶上变幻的万花筒影像所吸引，光影交错，就像是珠宝一把把你拉进了另一个时空。整个展览巧妙地被分为九个主题，包括："征服之巅——卡地亚的历史发展"、"现代风格——卡地亚的艺术性"、"设计风格与发展"、"新的视野——异国风格融入现代作品"、"精湛的装置——神秘钟"、"20 世纪 30~40 年代——几何奢华"、"辉煌宝石"、"风格的延伸"、"美洲豹——一个象征的化身"。在一条纵向的时间轴上，卡地亚在各个时期的风格被全方位地展现出来，让你不由得睁大眼睛，生怕错过了一丝一毫，与其说是在看展览，不如说是在看一部辉煌宏大的舞台剧，让你一次又一次地回到旧时光里，让你如同亲历一般触摸到不同时代人物的华美、嗅到过去生活方式里的优雅气息，为璀璨宝石目眩神迷的同时也被精湛的工艺感动到心灵震颤。

就像是在音乐会上，人们总是会要求音乐家表演他最著名的曲目，同样地，卡地亚为这次展览请出了 538 件典藏作品。其中年代最为久远的一件作品是一条 1874 年的腰链表，装饰彩色珐琅和珍珠，表面隐藏在一个装饰着可爱的儿童肖像的圆形徽章后面。还有一枚来自同一时期的香水瓶，2006 年卡地亚从一个巴黎古董经销商处购回，而它之所以能够被鉴定，完全得益于一幅惟妙惟肖的钢笔草图，这是卡地亚在尚未启用摄影技术以前用以保存作品图像的一种方式。当然，众多社会名流订制的旧作也在此被一一呈现，比如那些很多人只是听说却从未见过的温莎公爵夫人的猎豹、芭芭拉·赫顿的老虎、女明星玛丽亚·菲利克斯的鳄鱼和黛丝·法罗斯的水果锦囊。当数百件传奇作品活生生地出现在你面前时,我敢说那种排山倒海而来的历史厚重感会惊得你目瞪口呆。

我不得不惊叹策展人的细腻巧思,在展厅里,你可以轻易地在一幅古董油画、一个精巧的烟盒或者一支书写笔里找寻到那个时代的痕迹。眼前一枚来自19世纪20年代的化妆盒引起了我极大的兴趣,外盒镶嵌螺钿,装饰珍珠和固定切割的蓝宝石狮身人面像,内部则以金装饰。脑海里立刻弹出了著名小说家菲茨杰拉德笔下的纸醉金迷,身着华服,剪着一头俏丽短发的女子,在梳妆镜前,轻巧地从化妆盒里摸出胭脂,另一只手里还握着纤长的烟斗。

如果能周身被25顶璀璨的皇冠围绕,我估计任何一个女人都会幸福到流泪吧。是的,卡地亚如此擅于制造梦幻,更不要说这些皇冠中还包括一枚从英国伊丽莎白女王二世住所借出的"光环"冠冕。在这些冠冕旁边,还摆放着一件一模一样的石膏复制品。熟悉卡地亚的人一定不会对此感到陌生,这是卡地亚对珠宝最珍视的表现。要知道,很多订制的作品都是孤品,在离开工坊时会给每一件作品留下一个真实可感的三维证明,同手稿、照片及订购记录一同存放在和平街13号的档案馆内。

巧合的是,我们在通透而壮观的神秘钟展区遇到了本次展览的策展人劳伦·萨洛美(Laurent Salomé),他指着这些展品告诉我们:"这些时钟是卡地亚的标志性代表作,兼具技术和诗意,放置于空旷的空间之中,严谨而精美。"在卡地亚的版图里,如果缺少了神秘钟,就无法精确地重构它的历史。这个曾经征服了巴提亚拉邦王公、玛丽王后、英国国王乔治五世等众多名人的钟表奇迹,只有亲眼见过,才能深切地感受到那漂浮在空中的指针是何等轻灵曼妙,一旦它们出现在拍卖市场,就能快速识别和鉴定,也就难怪价格一直一路飙升。

珠宝不只是财富、荣耀和地位的象征,更见证一段历史、一段传奇。我想每一个看完展览的人都会对卡地亚为巴提亚拉邦王公订制的那件犹如钻石礼服的项链印象深刻,2930颗明亮式切割钻石、2颗红宝石和著名的德比尔斯钻石镶嵌其上,总重约1000克拉。如果真将它戴在身上,长度会直达腰际。整个印度曾经的辉煌恐怕全写在这件珠宝里了。

两个小时的观赏远远不能满足眼睛对那些奇珍异宝的渴望。被拉回现实的我开始反复问自己"究竟什么造就了卡地亚的风格?"在我写下这篇文章时,心里终于有了答案,其实答案很简单,就是永不停步的创新工艺。

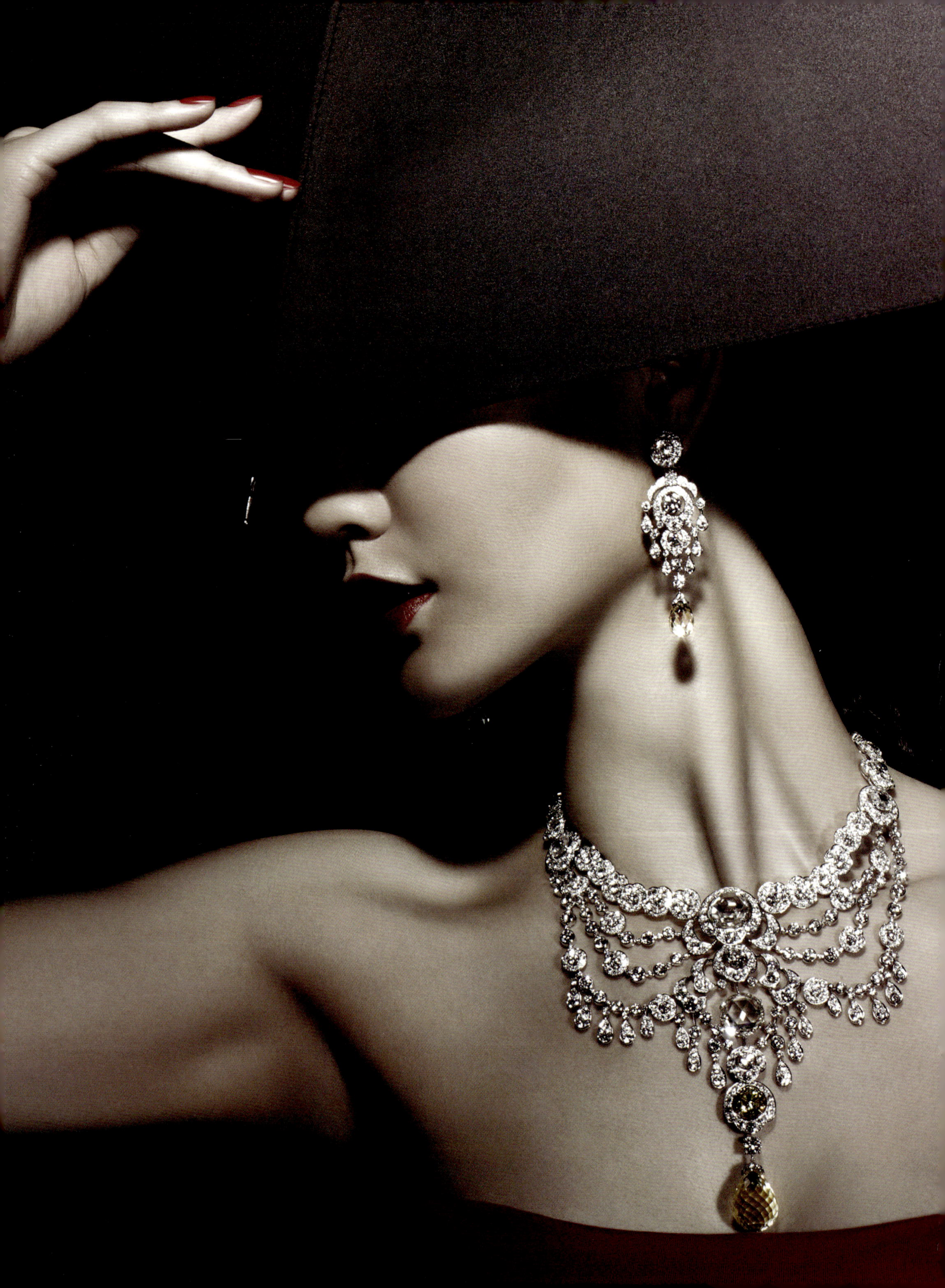

Cartier 卡地亚高级钻石珠宝项链、耳环及手镯

Graff 格拉夫梨形钻戒

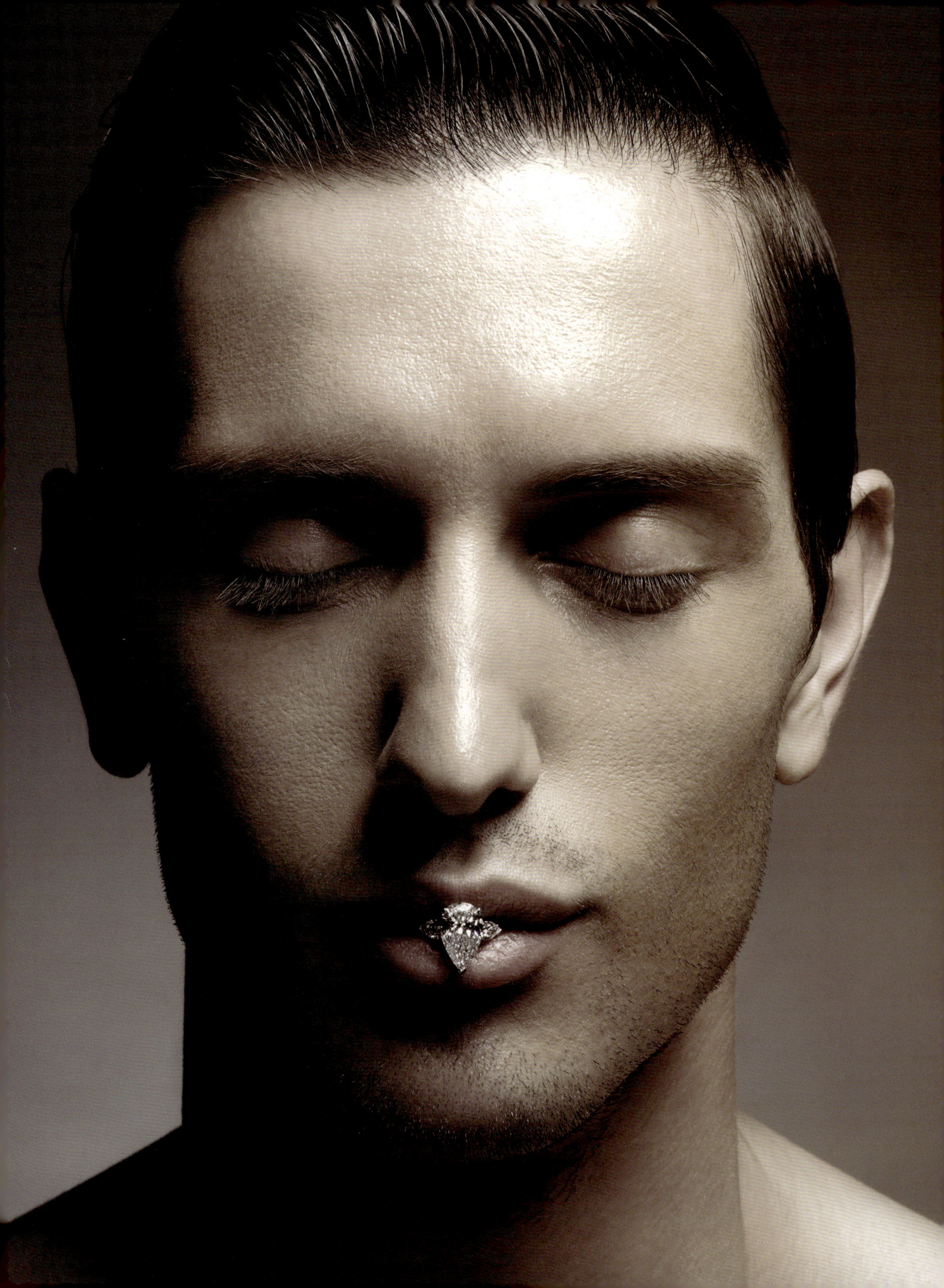

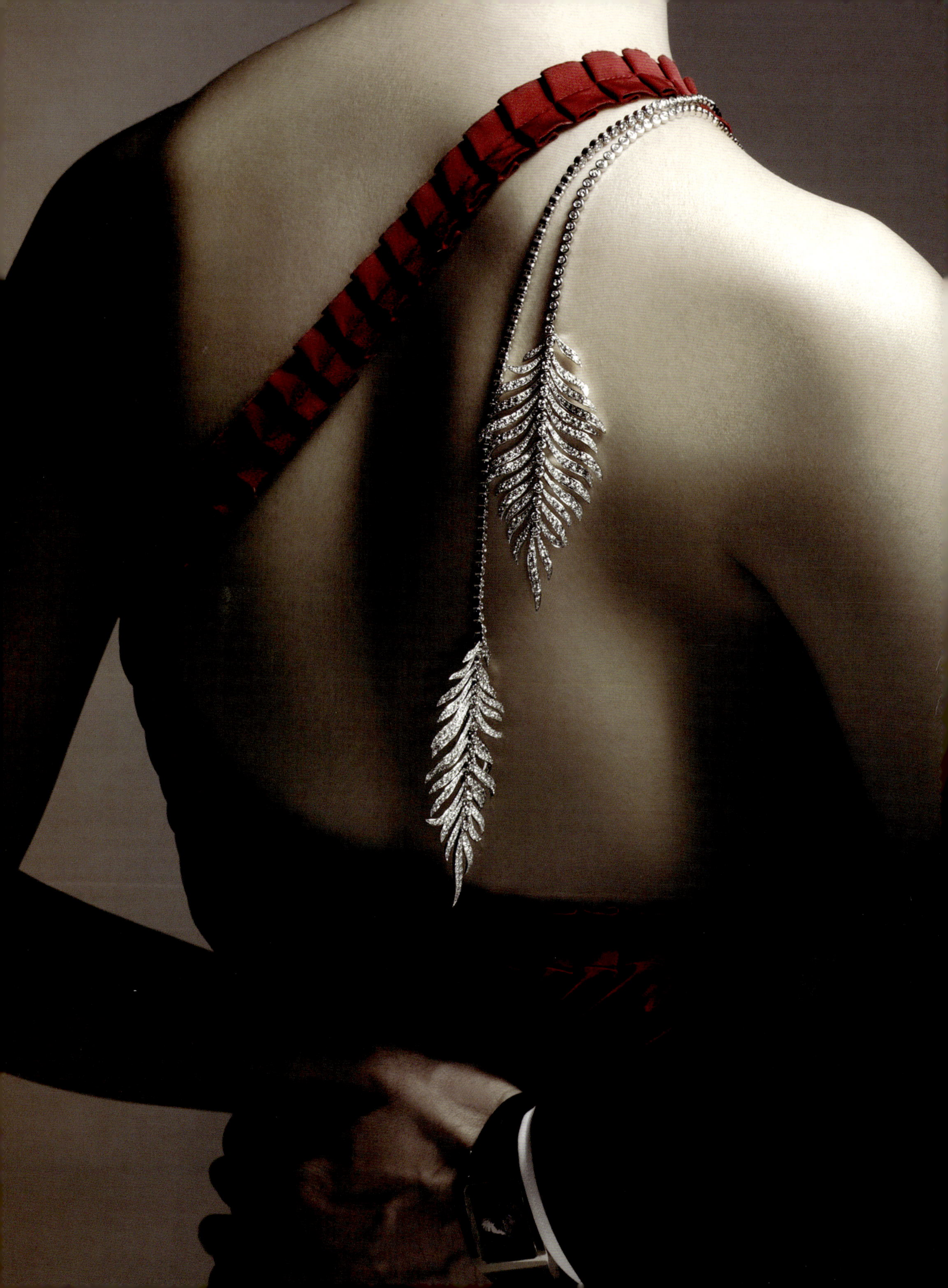

Forevermark 永恒印记羽毛美钻项链及花朵美钻戒指
Cartier 卡地亚珐琅雕刻猎鹰装饰腕表

Qeelin 麒麟珠宝
King & Queen 系列 18K 白金镶钻石
及红宝石凤凰项链

Cartier 卡地亚
高级珠宝红宝石耳坠

Cartier 卡地亚 Trinity 系列项链

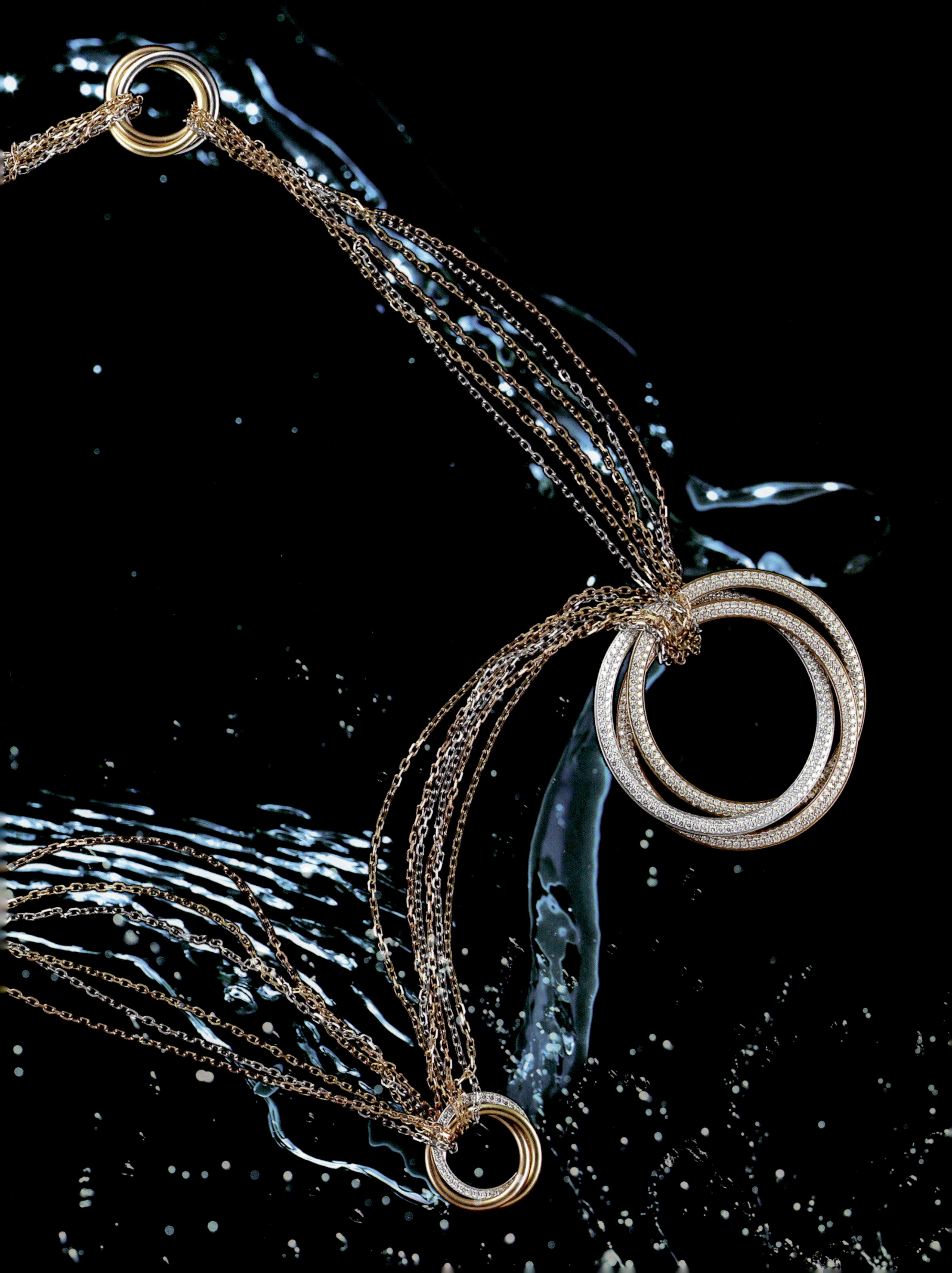

Hermès 爱马仕 Kelly 系列手镯

Hermes 爱马仕 Centaure 系列黑玉项链

Van Cleef & Arpels 梵克雅宝 Perlée 系列戒指

Pomellato 宝曼兰朵茶壶吊坠

微缩的建筑

建筑是钢筋水泥筑造而成,而珠宝则依托金属由宝石搭建,我一直坚持地认为,建筑和珠宝,二者是异曲同工的艺术。一件珠宝就是一座微缩的建筑。

每一位珠宝设计师都同时像是一位建筑师。珠宝艺术家赵心绮曾跟我分享过她的创作经历,她眼中的任何事物都是360度立体旋转着的,脑海里自然就给每件珠宝建立了三维构图,因此她在创作珠宝时完全不用画图纸,而是直接以蜡雕作模。某次在东京银座,她看见窗外的东京塔,立刻深深地被它吸引,就这样她用两个镂空的微型立体铁塔做成耳环,上面镶满了钻石,闪闪发亮。这双铁塔耳环的任何一个架构、机关、塔面以及基底,都精致动人,这是被缩小了千倍的东京塔。对于 菲利普·杜河雷(Philippe Tournaire),中国的珠宝迷们一定不会对他那枚以埃菲尔铁塔为原型设计的钻戒感到陌生。这个喜欢用珠宝搭建房子的人,在他的设计中,无论是一对恋人梦想中的小屋,还是铭记着隆重历史时刻的纪念建造,都被他用令人惊叹的微缩方式,表现在指尖的方寸之间。而另一位世界知名珠宝设计大师帕洛玛·毕加索则钟情于威尼斯,她为蒂芙尼(Tiffany & Co.)推出帕洛玛(Paloma's Venezia)珠宝系列,灵感正是源自威尼斯这座世界上最引人入胜的传奇水城,威尼斯华丽的铁艺大门化作耳畔华丽的镂空耳坠,令我们仿佛身临其境,透过窗棂窥视到这座城市辉煌宫殿中闲适的庭院。

也许你不能随心所欲地去周游世界,但你至少可以把建筑珠宝玩弄于手掌,让那些令人仰视的永垂不朽的奇观变成举手投足间的玩物,透过它,你可以领略到每一处城市的风情、人文和艺术。当装饰艺术的经典——克莱斯勒大厦化作一枚海瑞温斯顿的蓝宝石指环,纽约曼哈顿的城市摩登气息已定格在指尖。日本的金阁在梵克雅宝的东方花园系列耳坠中,则化为一个法国女子在东方悠远的美妙回忆,黄色蓝宝石和橙色石榴石拼凑出园林的枝繁叶茂,粉红蓝宝石则镶满微型楼阁的四壁,垂泄而下的钻石生动刻画了日式庭院的潺潺流水,如此诗情画意,悠悠飘荡在耳际。到过巴黎的人都会流连香榭丽舍大街上的咖啡馆和精品店,而在路易威登的巴黎漫步系列的高级珠宝项链上,霓虹初上的香街变成了用白钻和红色尖晶石铺成的流苏,尽头赫然屹立着璀璨华美的凯旋门,让拥有它的人,可以好好地把巴黎的浪漫珍藏。

经典建筑的诞生总是源自一种文化的孕育,记录着每个时代的痕迹和设计师的个人风格。面对这些承载历史和文化的建筑物,珠宝设计师们所做的绝非简单地缩小与复制,而是用创意和宝石的华彩,将那些经典建筑转化成一款款可以佩戴于身、充满人文气息的艺术品。所以当你购买它的时候,克拉数已经不再重要,你看重的是它散发的人文光辉和艺术情怀,当你开始收藏它时,恭喜你,已经走上了艺术品收藏的道路。

Harry Winston 海瑞温斯顿蓝宝石戒指

Van Cleef & Arpels 梵克雅宝
Zip 系列项链

Qeelin 麒麟珠宝
Couture 系列 Corolle de Lotus
18K 白金镶钻石和红宝石莲花戒指

Hermès 爱马仕镶钻腕表

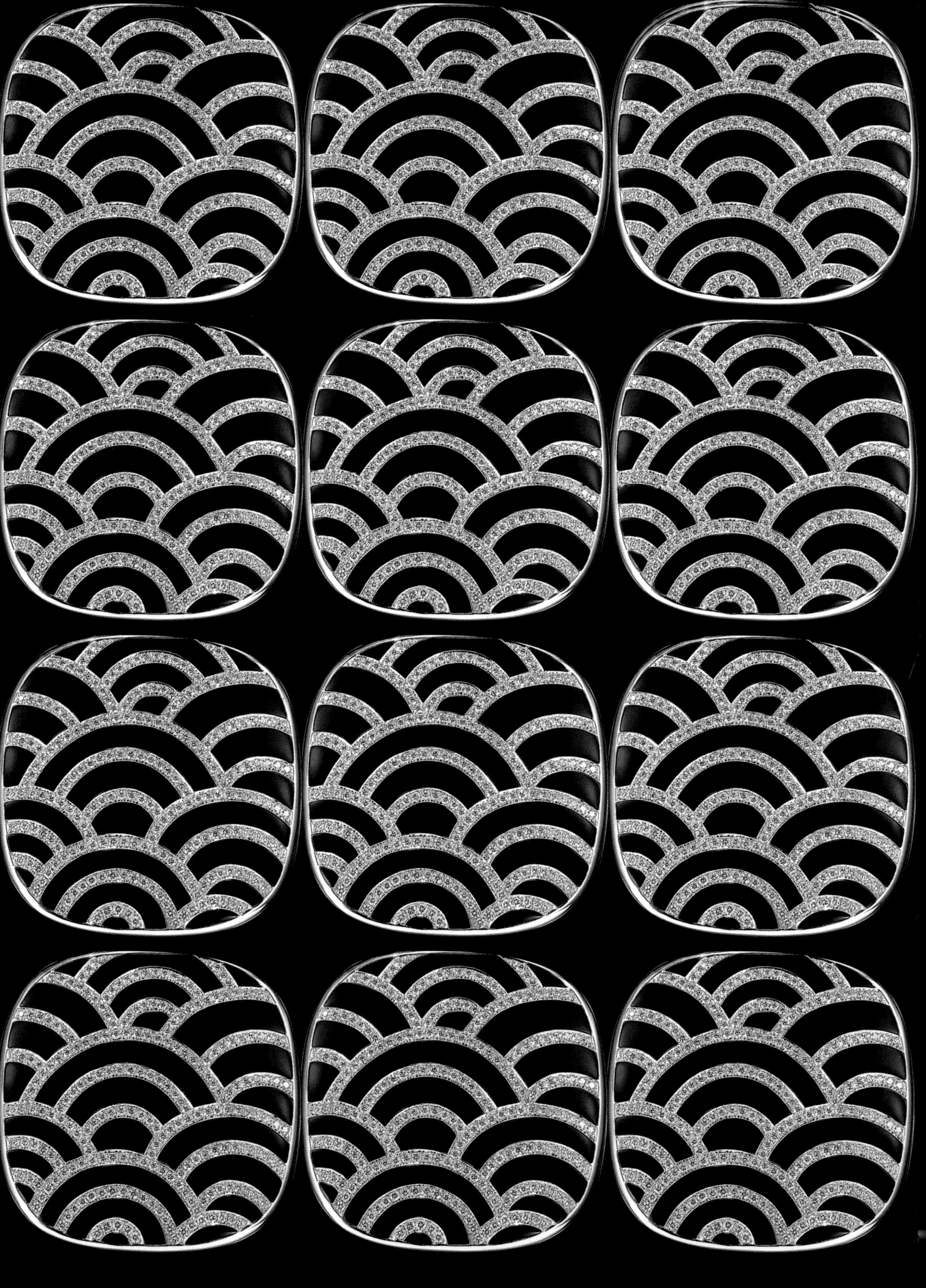

左：
Qeelin 麒麟珠宝
Tien Di 系列 18K 铂金镶墨玉和钻石水波纹吊坠
右：
Qeelin 麒麟珠宝
Qin Qin 系列 18K 白金镶钻石额顶镶红宝石金鱼吊坠及项链

Tasaki 塔思琦 Hooked 系列手镯

Pomellato 宝曼兰朵
Cocco 系列玫瑰金手镯及戒指

Cartier 卡地亚铂金订婚钻戒

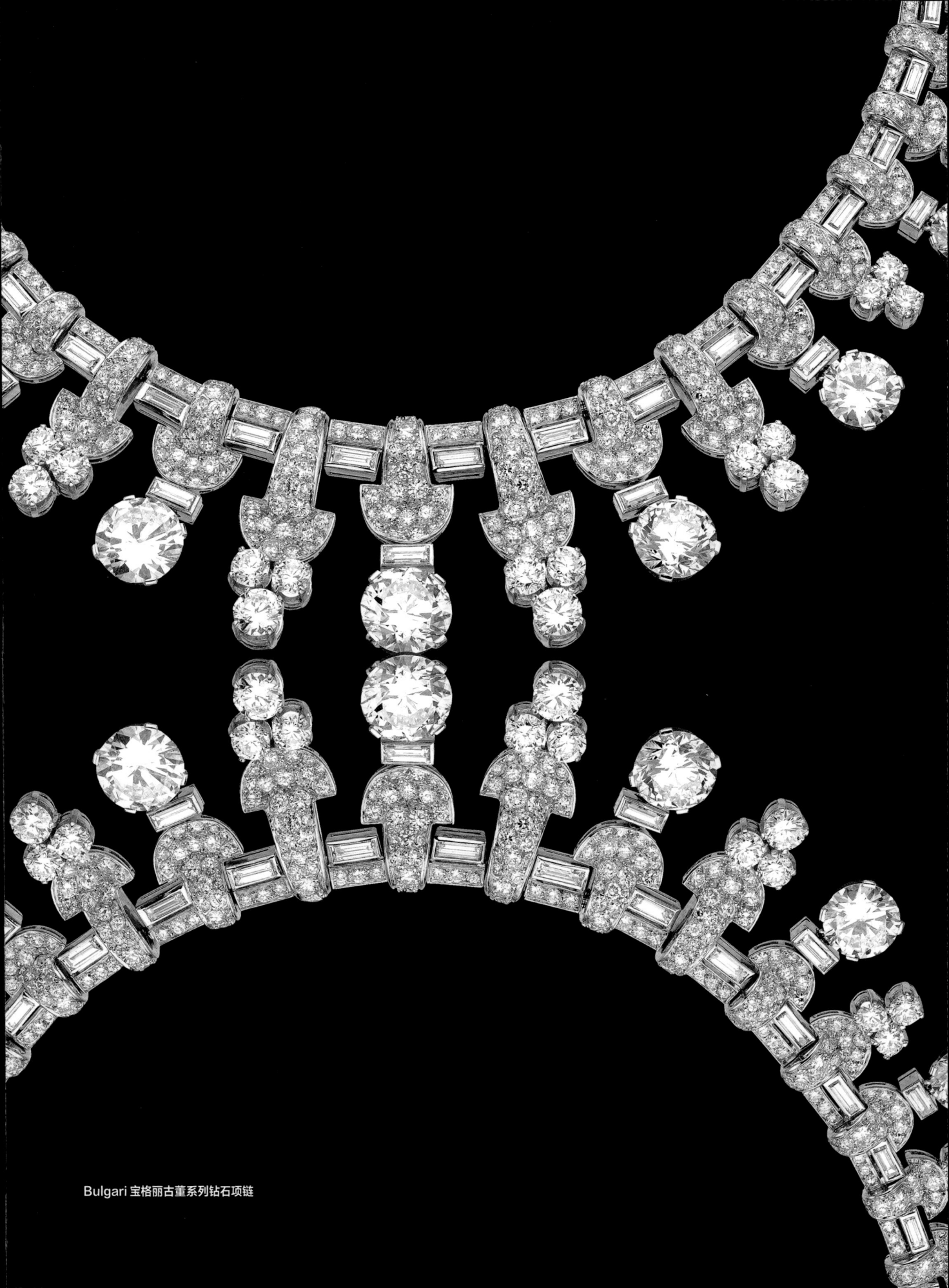

Bulgari 宝格丽古董系列钻石项链

"芯"中的承诺

Cartier 卡地亚神秘钟

哪怕手持高倍放大镜,也无法将眼前这枚陀飞轮看得真切,在挑选一块机械腕表时,你也许会时常遭遇这样的尴尬。如此看来,选腕表有点像选男人,尽管不少女人会把选票投给宝石加身或有着完美弧线的珠宝表,但是大多数时候她们心里很清楚,真爱与外表无关,选个绝对精准、绝对经久耐用的机芯才是她们的刚性需求。所以我们有必要花点时间来学习读懂机芯里的秘密。

首先,能读懂表身上的"印记"就相当于练就了火眼金睛。轻轻转动表盘,总有块方寸之地精巧地刻着某些符号,它们正在诉说着这枚腕表的品质和血统,也见证着钟表品牌给你最直观的承诺。日内瓦印记(Geneva Seal)是最简单好记的图案,腕表经过严苛审核后便会在机芯的夹板上和表壳上刻上"鹰与钥匙"的盾牌图样,这就是日内瓦印记,全世界最负盛名的钟表认证印记,诸多钟表收藏家都将它视为钟表界的最大殊荣,被视作对原产地的一种确认,计时精准的品质的标杆,是卓越工艺的代名词,搭载它的机芯一旦出厂就会比普通腕表身价高出数倍,品质自然也把普通腕表甩去好几条街。不同于日内瓦标记的明显地域限制,瑞士天文台认证则运用得更为普遍,这项认证主要是对腕表准确性所做的鉴定,一般的机械腕表每天可被允许的误差为 -15/+30 秒,而带有天文台认证的腕表误差必须限制在 -4/+6 秒之内,能通过测试的就会被冠以"天文台机芯"的称号,通常会刻着"chronometer"(精密计时)这个英文单词。除这两者外,"FQFC"印记也值得受到关注,这一认证的标识将精准度与工艺都纳入考量,并且更严苛地关注质量。如果能将这三枚印记同时收入囊中,比如萧邦的 L.U.C 陀飞轮腕表,那无疑是可以永载史册的。

不过,读懂印记只是看懂表面文章,机芯的秘密远没有止步于此。在滴答滴答声的微观世界里,还可能藏着高级订制的服务。也许你对订制表盘并不感到陌生,比如宝玑的那不勒斯皇后系列腕表所提供的个人订制贝壳浮雕表盘,又比如积家表的翻转系列可任由拥有者的意愿在表背面镌刻、镶嵌,甚至珐琅彩绘。但是订制机芯绝对是个奢华到近乎疯狂的举动。几年前,路易威登的尊贵订制陀飞轮腕表推出过这样一项服务:为尊贵的拥有者提供可打造属于自己的独家印记。这个服务可不是在表身刻字这么简单,国内某位知名艺人就把机芯中央轮桥的形状订制为"龙"字,也就是说机芯内的某个重要部件变为你想要的造型!这种低调的奢华究竟是怎样的一种意味深长,只有极少数的人才能切身体会。难怪有人说"你有,我也有"远不如"人无我有"来得霸气。

由此看来,你戴在手腕上的何止是一块手表,它还代表了你的品位,你的审美。戴上一块好表出门吧!因为人群中,它会让你显得如此特别。

Louis Vuiiton 路易威登陀飞轮腕表、
Chopard 萧邦镂空机芯超薄腕表、
AudemarsPiguet 爱彼皇家橡树系列超薄镂空陀飞轮腕表、
Cartier 卡地亚复杂功能镂空怀表
Cartier 卡地亚双时区双跳针陀飞轮腕表、
Piaget 伯爵镂空镶钻自动上链腕表

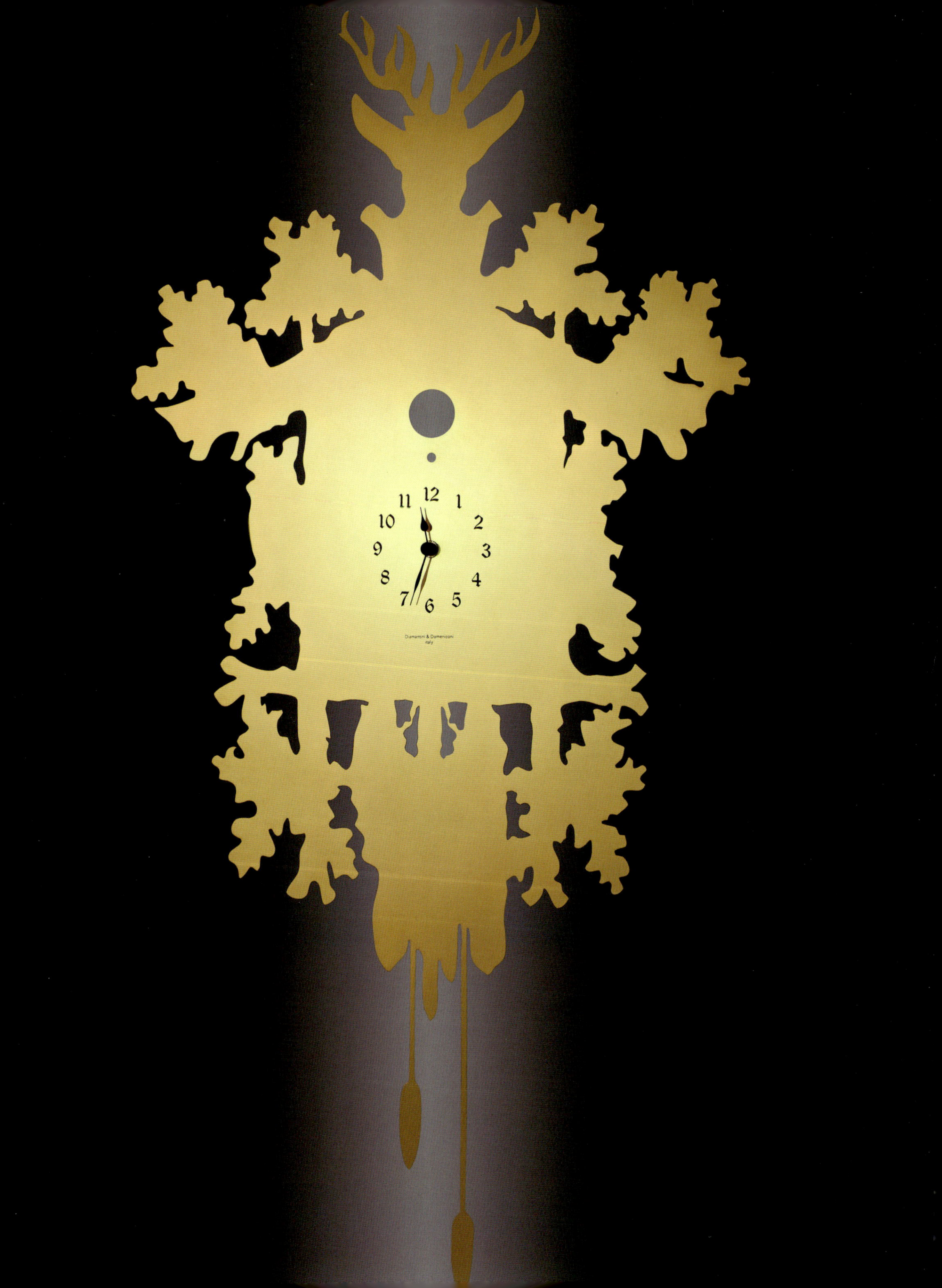
11 12 1
10 2
9 3
8 4
7 6 5
Diamantini & Domeniconi
italy

PIAGET

VACHERON CONSTA
GENEVE

Chopard
GENÈVE

Piaget 伯爵珠宝腕表
Dior 迪奥高级珠宝腕表
Cartier 卡地亚猎豹装饰腕表
Boucheron 宝诗龙钻石腕表
Hublot 宇舶玫瑰金钻石腕表
Chopard 萧邦高级珠宝腕表
Vacheron Constantin 江诗丹顿
传承系列高级珠宝腕表

萨尔瓦多达利作品：柔软的钟

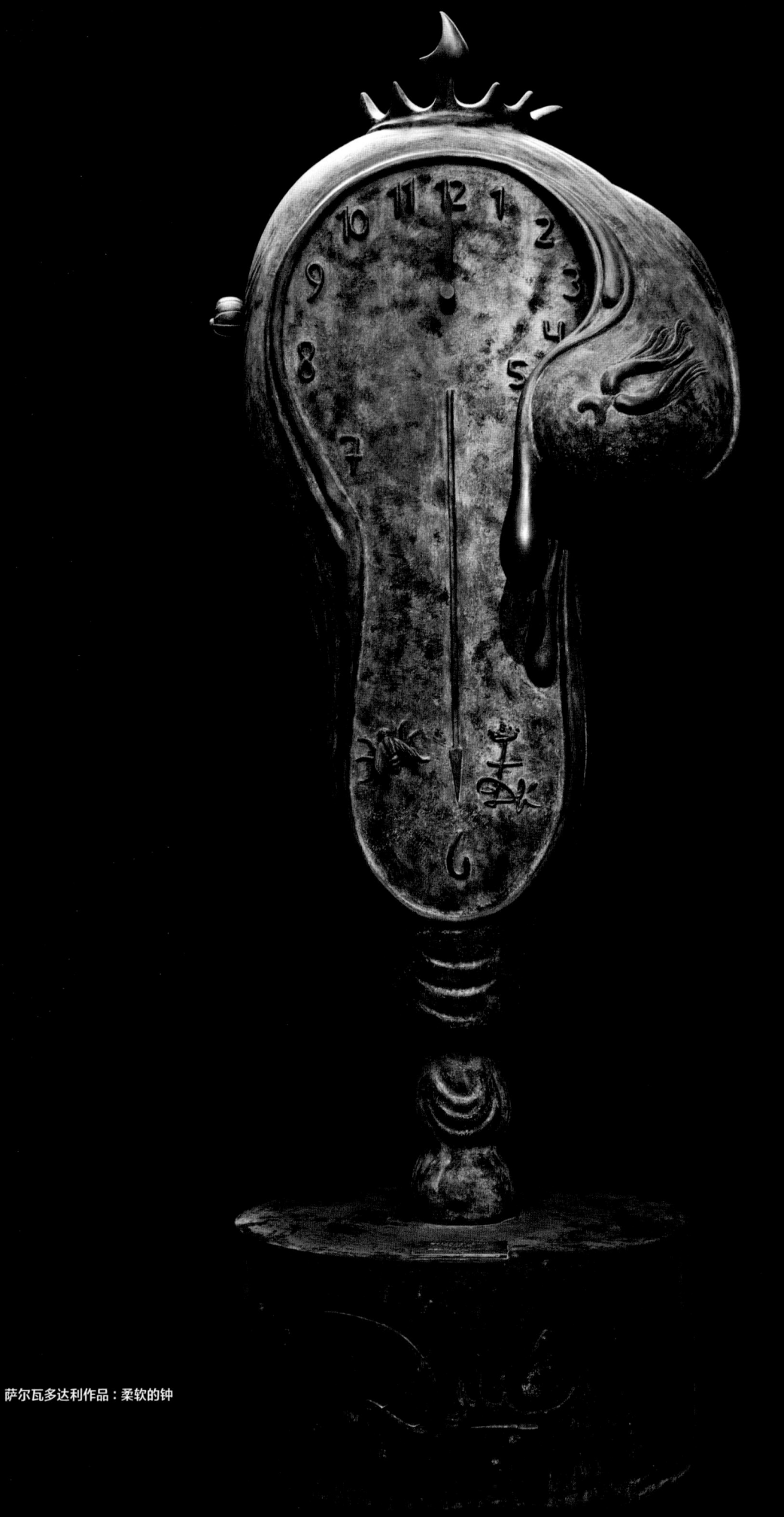

Cartier 卡地亚青蛙装饰高级珠宝腕表、
Van Cleef&Arpels 梵克雅宝珐琅腕表、
Chaumet 尚美巴黎铃兰汀花珍贵腕表、
Vacheron Constantin 江诗丹顿艺术大师系列珐琅腕表、
Chanel 香奈儿珍珠贝母山茶花腕表
及狮子星座腕表

王鲁炎布面丙烯作品

Louis Vuitton 路易威登珠宝腕表。
Chaumet 尚美巴黎冒险游戏珍贵腕表。
Dior 迪奥高级珠宝腕表。
Montblance 万宝龙
摩纳哥格蕾丝王妃系列腕表。
Chanel 香奈儿J12系列高级珠宝腕表。
Montblance 万宝龙玫瑰花瓣顶级珠宝腕表。
Jaquet Droz 雅克德罗恒星贝母腕表。

Cartier 卡地亚白金钻石腕表及珠宝戒指

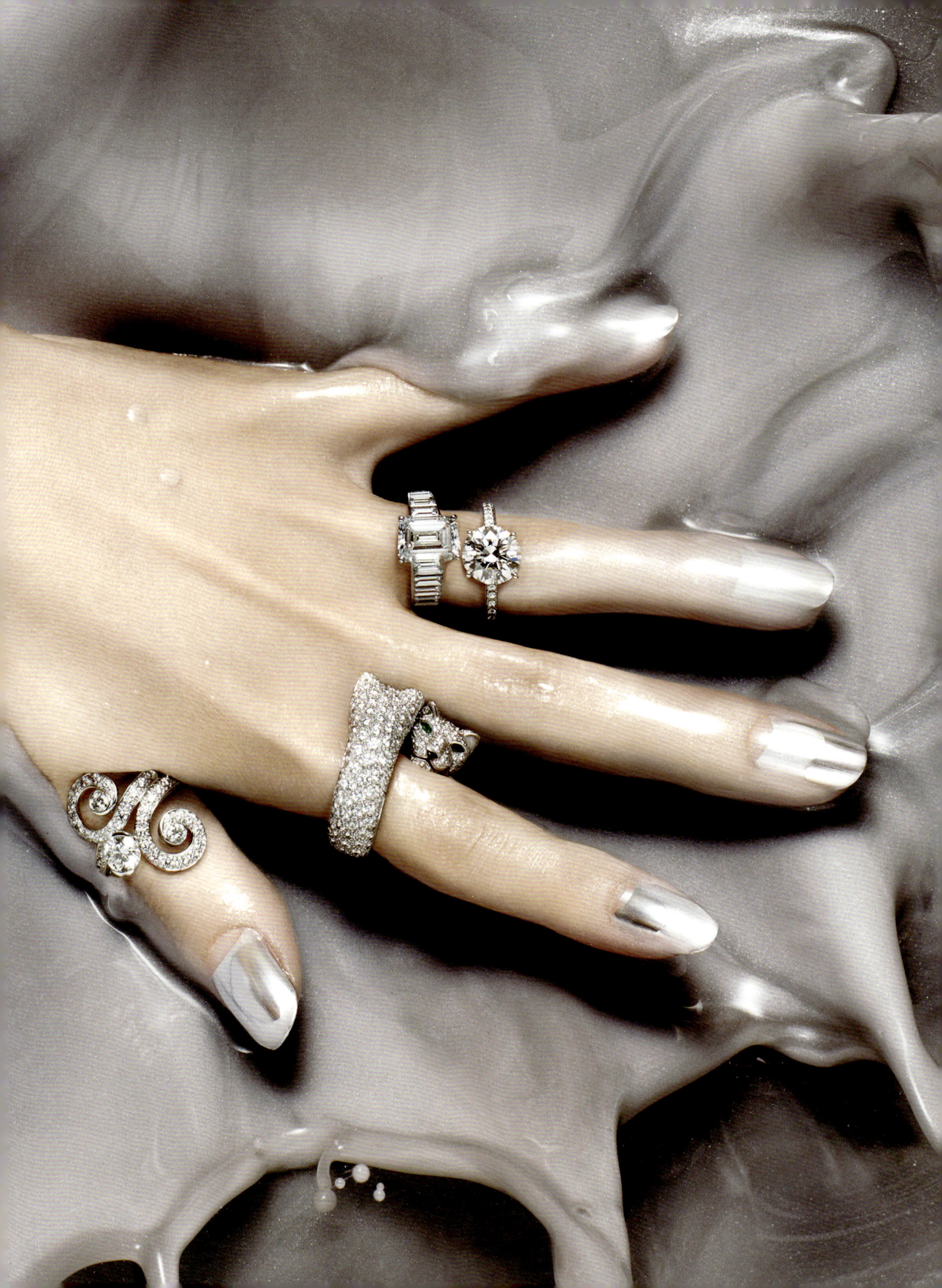

Van Cleef & Arpels 梵克雅宝珠宝戒指及腕表

Bulgari 宝格丽高级珠宝腕表及戒指

Piaget 伯爵缟玛瑙钻石戒指及腕表

Dior 迪奥钻石镶嵌腕表
Damiani 玳美雅钻石戒指

东方的就是世界的

Qeelin 麒麟珠宝
Wulu 系列 18K 白金大号镶钻葫芦吊坠

无论是龙凤、葫芦、还是如意……最近这些年,这些具有明显东方特色的造型珠宝,几乎横扫了整个珠宝界,我在与几位珠宝编辑闲聊时也发现,如今全世界最顶级的珠宝展区,都会遇到许多熟悉的中国设计师面孔。全球的主流媒体都在讨论一个词——中国。当然,这背后有着三层含义:一方面中国的买家的确有着不可估量的购买实力;一方面随着中国美学的复兴,西方大牌把东方元素融入设计的风潮正在持续发酵;不过,更重要的一个方面则是中国设计师的设计越来越受到全世界的关注。

中国设计师对于东方元素的表达是含蓄而富有诗意的。见山水,不止于见山的巍峨、水的蜿蜒;见花草,不止于见花的妖娆、草的青葱。这种独特的表现方式与中国人的传统和个性有关,内敛却能直指人心。这当然是值得世人赏鉴和仰望的。可是有一个问题我们无法视而不见,那就是东方造型的珠宝大多很夸张且很容易被定性,你要知道,并非所有人都会愿意戴着它们出现在各种场合。这些年,顾客对于那种图腾式的东方珠宝或多或少已经有些厌倦了,戴上它们,一不小心可能就会让人感受到扑面而来的"乡土气"。他们更喜欢更加轻巧、简洁、国际化的珠宝,至少它们更易于搭配。

也许就是这个原因,2004 年,著名影星张曼玉小姐在戛纳封后时所佩戴的那个葫芦造型的吊坠会一鸣惊人。当时所有的媒体都在讨论,这个简洁的东方"葫芦"究竟是出自何人之手,众说纷纭,甚至有人误以为那是张曼玉自己设计的。很快地,所有人都知道了这个"葫芦"出自珠宝品牌 Qeelin 麒麟珠宝。紧接着,席琳·迪翁(Celine Dion)、凯特温丝莱特(Kate Winslet)、凯特莫斯(Kate Moss)、凯蒂·佩里(Katy Perry)、莎尔玛·海雅克(Salma Hayek)、滨崎步、钟楚红等众多国际巨星都开始佩戴这个具有东方风情同时又很时髦的珠宝,而后,品牌被开云集团(Kering)收购后就这样迈入了"世界"的视线。

所以说,古老的东方图腾从来不是吸引顾客注意的唯一"杀手锏"。在这一点上,我多年的好友——Qeelin 麒麟珠宝的创意总监陈瑞麟(Dennis Chan)先生实现了一个值得借鉴的明智做法。他在香港地区长大,早年在伦敦学习设计,喜欢收集腕表和珠宝。1997 年,他第一次来到中国大陆,一次敦煌的文化启蒙之旅让他萌生了将"中华文化最好的部分带到全世界"的想法,从此他立志要设计出有现代独特工艺,同时又不乏中国传统文化美学的国际化珠宝。于是他找到法国的合作伙伴纪尧·布罗夏德(Guillaume Brochard)先生,将法国的精湛珠宝工艺融入东方风情的设计中。关于这种巧妙的"中西合璧"的跨界思维,我们可以从他钟爱的几个设计作品中充分体会。

首先就从那个扬名国际的Wulu(葫芦)系列说起吧,这个设计源自中国传统吉祥物葫芦,中国人相信,有着聚财纳福的美好寓意,许多中国家庭仍会把葫芦挂在家门或窗前,或放在床头或汽车上,希望借此获得平安。为了让它看起来简洁有力,设计师把它设计成一个类似罗马数字8的镂空形状,看起来就像一个时尚的护身符。另一个值得一提的设计是比较玩味、有童趣的Bo Bo(熊猫)系列,其设计灵感就是中国珍稀的动物大熊猫,象征和平与友谊,但是这个熊猫的外形却是西方的泰迪熊(Teddy Bear)。不过,最让我感到触动的还是Qin Qin(金鱼)系列,自古以来,中外无数设计师都曾用金鱼的形象来诠释富有或者美好的祝愿,它总是会与"年年有余"、"金玉满堂"联系在一起,可以说这是个很普遍的中国元素。但是Qeelin麒麟对于它的诠释是"真爱","Qin Qin"这个名字就是普通话的"亲亲",有了一种很浪漫、很西化的演绎,这个系列中每个钻石金鱼的唇部都镶有微型磁石,当遇到"真爱"的另一条钻石金鱼靠近时便会自然"亲亲",如不是"真爱"就会极力弹开。看似矛盾的元素,却信手拈来,浑然天成,每件珠宝都拥有特别的吉祥寓意,而这个寓意往往比珠宝本身更具魅力。

属于东方人的含蓄和细腻也在陈瑞麟(Dennis Chan)的设计里展露无遗,我们姑且把这定义为"东方式的优雅"吧。比如Ling Long(玲珑)系列的设计,以铃铛为原型,摇一摇会发出清脆动人的声音,原来里面藏有一颗裸钻。比如一朵含苞的莲花戒指,拨动巧妙的机关可令其盛开,更可惊喜地发现一颗娇艳欲滴的红宝石花蕊。再比如Bao Ping(宝瓶)系列,每一件作品皆以富有中国色彩的古代花瓶为造型,当你将Bao Ping的瓶口放到眼前细看,却能发一个别具匠心的惊喜:原来瓶内竟然藏着一个由色彩缤纷的宝石组成的万花筒,只需轻轻转动瓶身,就可以进入另一个色彩绚丽的世界。简约之中暗藏玄机,朴素之中隐匿着奢华,轻巧之中透着"诗情画意",我以前并没想到,"中国式的优雅"居然可以用这样特别的方式带到全世界。

Van Cleef & Arpels 梵克雅宝
花园系列高级珠宝项链

Qeelin 麒麟珠宝
Bo Bo 系列 18K 白金镶钻石和黑色钻石限量版吊坠

Tiffany & Co. 蒂芙尼蜻蜓胸针

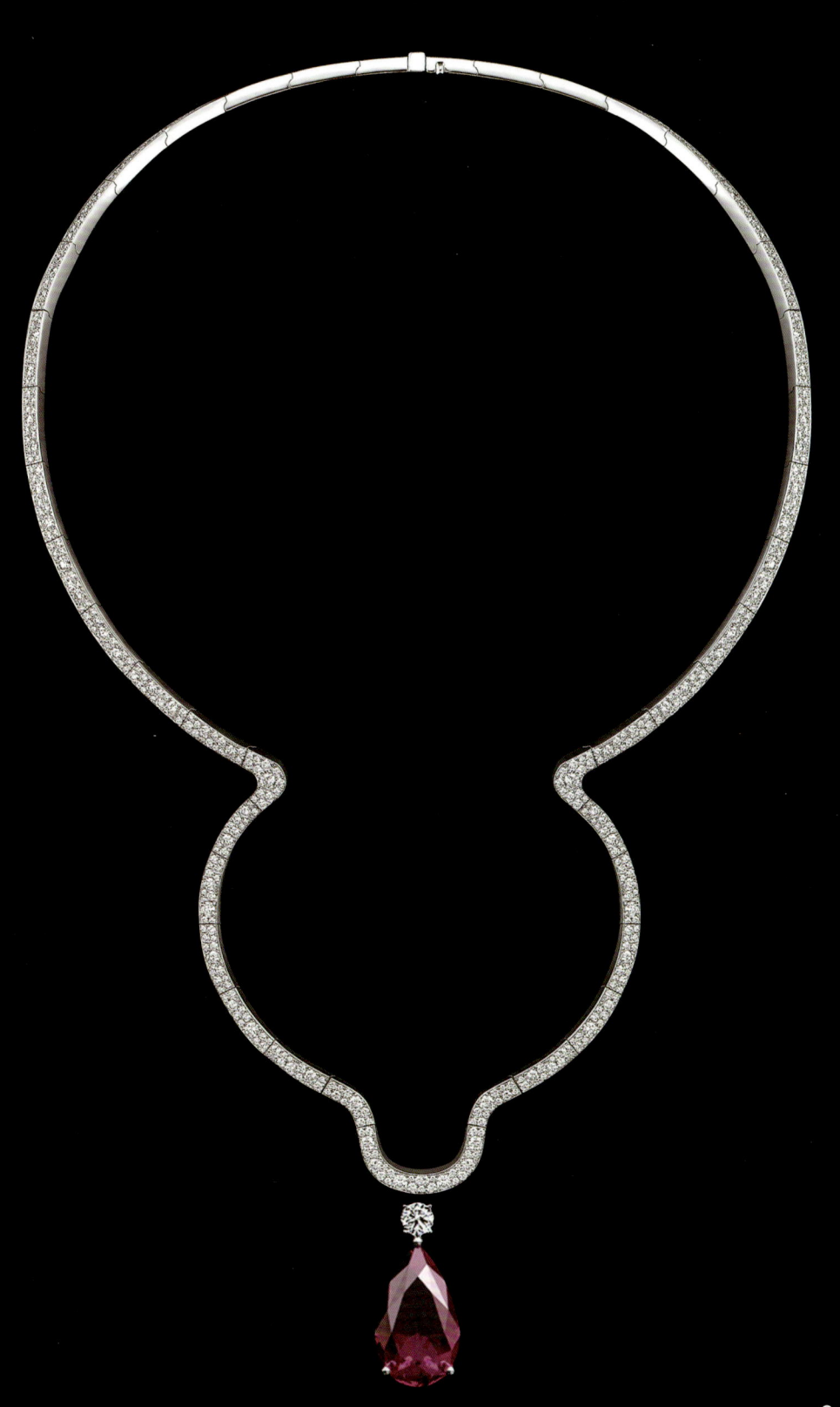

Qeelin 麒麟珠宝
Couture 系列 Wulu 18K 白金超大号
镶钻葫芦项圈配梨形紫水晶吊坠

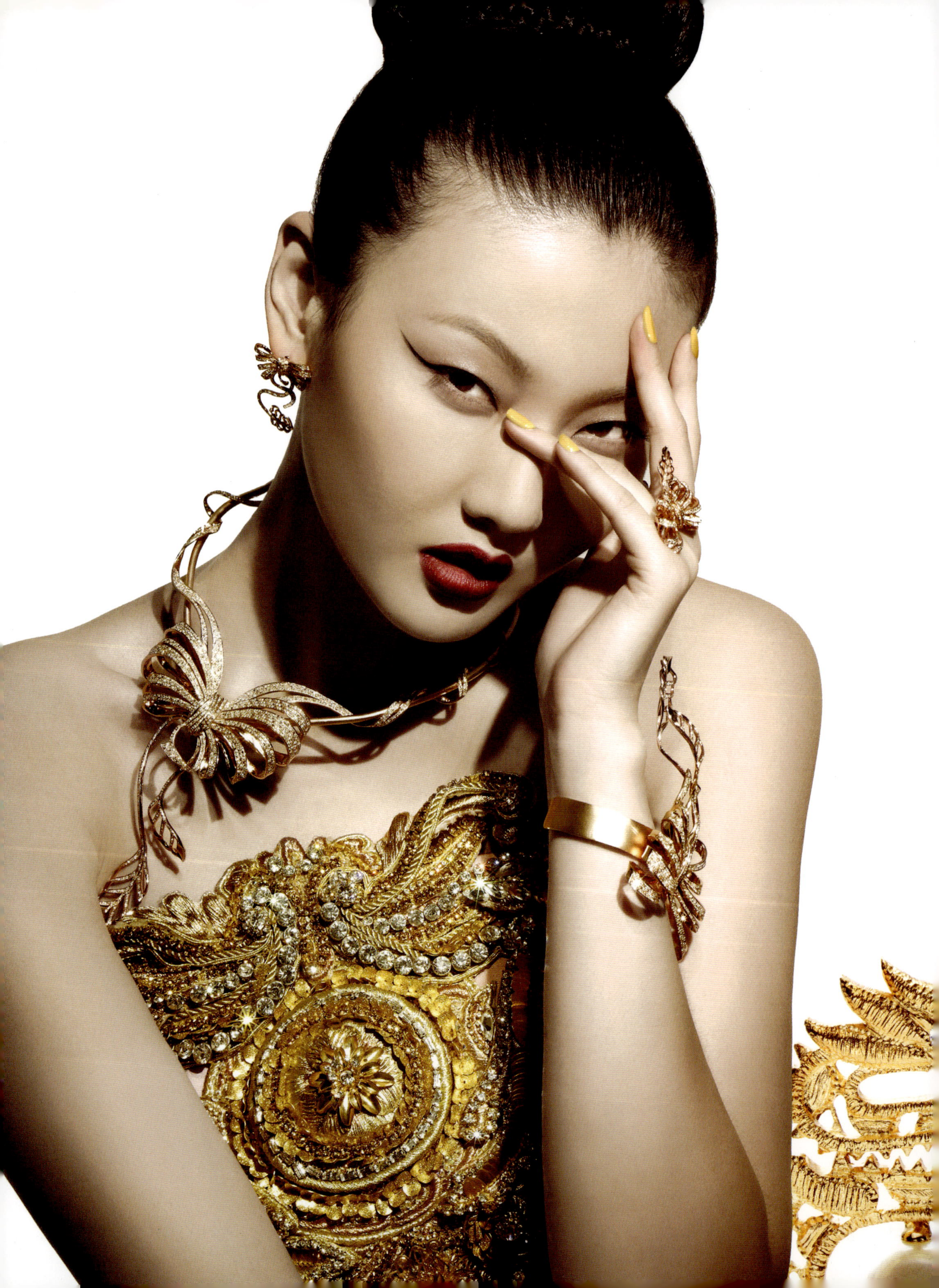

周大福逸彩系列玫瑰金钻石项链、手镯、戒指及耳环
Tasaki 塔思琦祥龙吊饰

Van Cleef & Arpels 梵克雅宝
龙形黄金镶嵌珊瑚及祖母绿胸针藏品、
昭仪翠屋花丝镶嵌系列黄金点翠耳坠

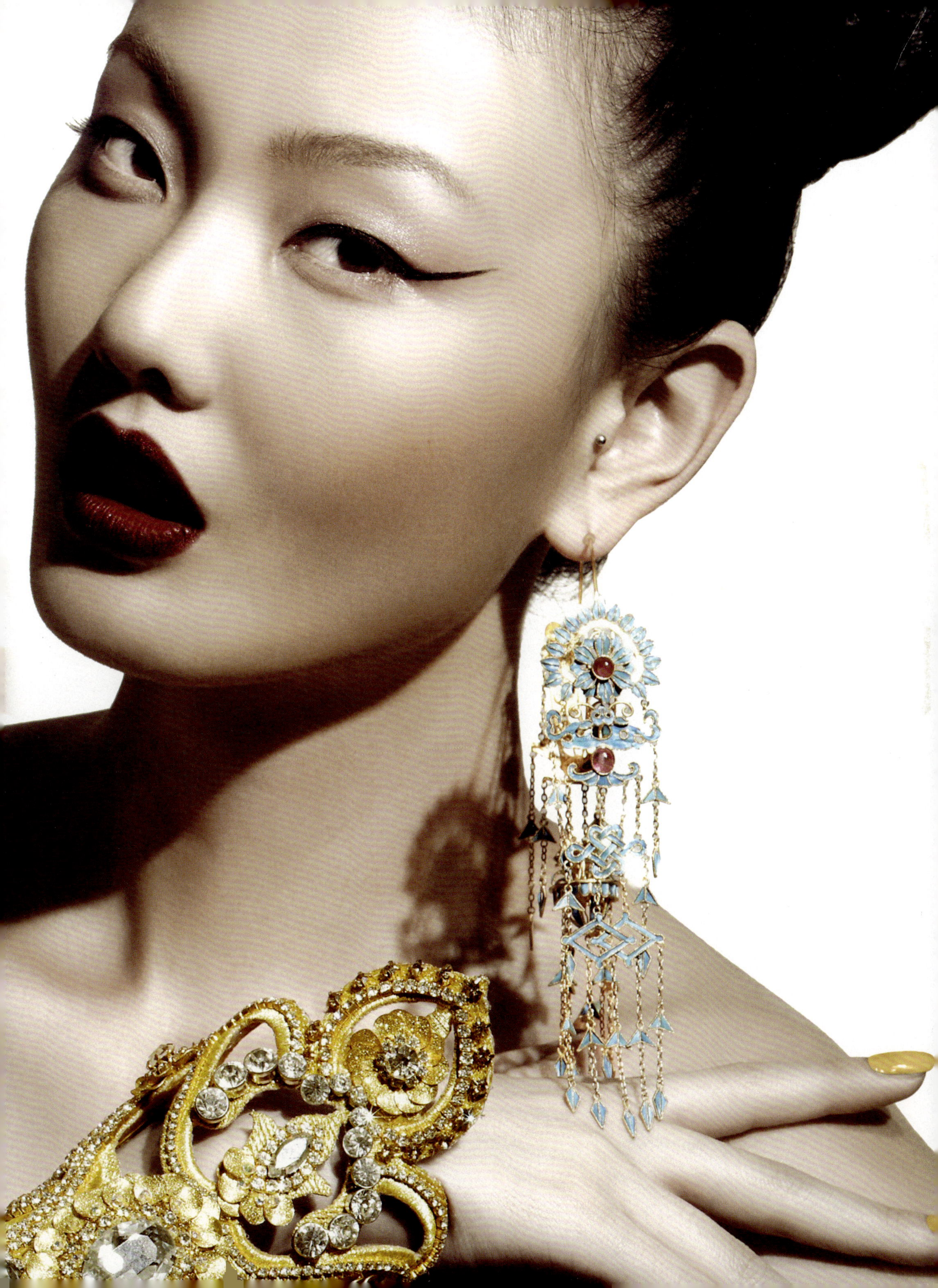

通往东方的漆金屏风

香奈儿寓所的乌木漆面屏风

也许是因为自幼学习国画，神秘的中国元素总会引发我极大的兴趣，甚至成为我工作中不可或缺的创意之源。

五年前，我受邀去参观位于巴黎康朋街 31 号香奈儿女士的寓所，我无论如何也想象不到，简单的法式家具、巴洛克风格的水晶吊灯和神秘奢华的金色摆件居然处于中国古董屏风的包围之中，不同的地域文化冲撞出奇妙的火花。门廊、沙龙、工作室甚至餐厅，她把大量古色古香的中国乌木漆面屏风化作遮挡墙壁的"墙纸"，甚至还把它们分扇拆开，直接当做艺术品悬挂在墙面，排列方式与它们的女主人的特立独行一样，有格调。置身其中，飘飘然感到几分"鸟度屏风里，人行图画中"的诗情画意，震惊之余，我迫不及待要做的就是用手机把屏风上那些漆着金的雕刻图案记录下来。没错，在你所看到的那组以屏风为主题的腕表大片里，画面上的古画纹样正与那时我用手机随意拍摄的图样相同。

那时我并没想到，几年后"屏风"这一经典元素有了更珍贵的存在形式——2012 年的巴塞尔表展上，这些乌木漆面屏风上的精美图案居然通过微绘珐琅的形式出现在香奈儿的珠宝腕表表盘之上！采用日内瓦传统技法，以"大明火"珐琅工艺制成的表盘上一丝不苟的刻画着与屏风上如出一辙的鸟鸣鹤舞的盎然景象，而这微缩的画作正是出自著名瑞士女性珐琅艺术家安妮塔（Anita Porchet），在方寸之间绘制细微图案的过程可想而知的艰辛，必须经过一层一层的上色和烧制工序之后，色彩微妙的层次感逐渐显现，才能呈现出一幅优美和谐的工笔画。次年，安妮塔又在屏风腕表表盘上描绘了画舫畅游画面，一支装饰精美的画舫畅游在静静流淌的小河上，岸上假山以及植物都披上了 18K 金箔镶嵌的衣裳，如此悠然的景致，对忙碌的现代人来说，倒是有种韶光不可负的警醒。

你也许会好奇，香奈儿为何如此钟情于"中国屏风"？也许，每一个富有激情的创作者，都会被异国的风情深深吸引。

"我从 18 岁起就爱上了中国屏风，当我第一次在一家中国商店里看到中国乌木漆面屏风时，我几乎快乐得晕过去，那屏风是我买的第一件古董。"嘉柏丽尔·香奈儿难以掩饰她对中国美学的痴迷。当年她在法国外省的一家古玩店中发现了这些 17 世纪出品的屏风，欣喜若狂，从此，这些古董艺术品与她一生相伴，随着她辗转迁徙：从圣·奥诺雷街的宅第，到康朋街的寓所，一直到丽兹酒店的私人套房。这些屏风来自中国，由东印度公司辗转运到欧洲。在明清之际，用特殊技法上漆的外销屏风常常经由印度东北的科罗曼丹地区上岸,所以这种屏风也就由此地名得名叫科罗曼丹(Coromandel)。其中8扇被完好无损地保留在香奈儿女士康朋街的寓所里,时至今日,依旧高贵、典雅、美好。与香奈儿的寓所相比,巴黎其他几间著名的沙龙恐怕都要黯然失色,要知道中国古代家具的世界纪录近十年来几乎一直是屏风霸占的,往往一组围屏的拍卖价高达数千万元人民币。

香奈儿女士总是擅于将自己钟情的神秘符号巧妙地投影到她的创作里,"中国屏风"也不例外。1958年春夏的高级定制发布会,香奈儿从中国屏风上的图腾中获得灵感,创造了一种用丝绸和金属纤维混纺而成的面料,从玛丽·海伦(Marie-Hélène Arnaud)(香奈儿女士在20世纪50年代御用模特)穿着一件带有这种面料的套装在中国屏风前拍下的照片里看到那种无法复制的美。为向经典元素致敬,多年来掌握时尚部门的卡尔·拉格斐也在1996年的高级定制发布会上,设计了3种装饰图案完全来自中国屏风的刺绣套装,同样选择了以屏风为背景拍摄广告大片。后来,香奈儿还以屏风为主题推出过限量眼影和香水,其中"东方屏风"淡香水因混合琥珀和龙涎香而带有浓烈东方情调。

在位于寓所玄关的那扇屏风上,你甚至还能找到香奈儿女士钟情的山茶花,这种带着东方风情的花朵掩藏在蝴蝶、牡丹、鸟雀之间。其他的屏风上则描绘着凤凰、鹿、鹤等寓意吉祥的动物,或是宫廷场景,或是山水画卷,其中一面屏风上分明地刻画着"微风起,吹皱一池西湖水"的江南春景。不难想象,她曾无数次面对它们凝眸沉思,神游至那个让她有着无尽遐想的东方国度。她曾在这些屏风包围的会客室里,与她的艺术家朋友们高谈阔论,大名鼎鼎的艺术家达利和毕加索也是这里的座上宾。她曾多少次在这个东、西方风格和谐共融的小世界里,为创作精疲力竭、为躲避世俗的纷扰而小憩于此。

香奈儿的朋友常常认为她之所以把大量中国屏风包围在门廊,是想留住客人,希望朋友看不见时间看不到出去的路,和她聊天到天荒地老。其实,屏风对于她来说,又何尝不是一个通往东方的门户,透过这扇窗,她发现圣马可大教堂的美丽宝藏,拜占庭式镶嵌画上的暗金色块,并在俄罗斯的狄米崔大公那里认识了克里姆林宫的璀璨辉煌。而在我看来,中国屏风是一种东方文化的缩影,所以后来,我把香奈儿的东方屏风表盘变成了我作品中的一枚枚小景,和香奈儿寓所里的屏风图案组合成了亦虚亦实的写意风情画。

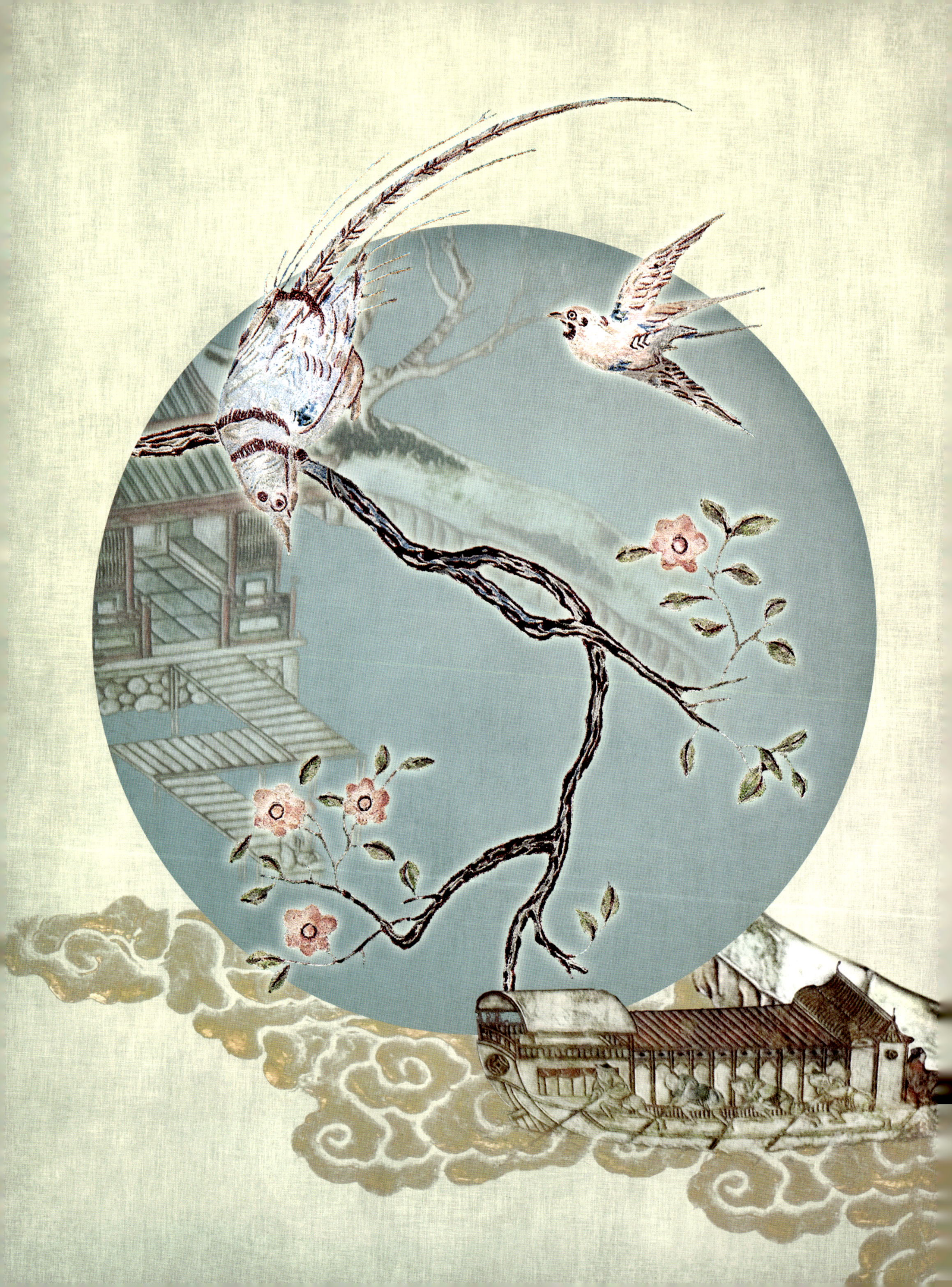

Chanel 香奈儿东方屏风表盘、钻石切面表盘

Chanel 香奈儿东方屏风表盘、精灵之羽表盘

CHANEL

Chanel 香奈儿东方屏风表盘、狮子星座表盘

CHANEL

最好的工艺在中国

Shirley.Z 张雪莉艺术珠宝雀之灵项链

与西方有着几百年的历史的珠宝产业相比，中国珠宝产业的发展只有短短二十几年，这种先天的差距常常被业内人士称为是一场龟兔赛跑。可是在这短短的二十年间，中国的珠宝产业以惊人的速度成长为一棵参天大树。如果你还在固执地迷信西方的珠宝工艺，那么我想要告诉你，中国的超凡珠宝工艺已经令世界竖起大拇指。

不久前，我跟著名的珠宝设计师张雪莉聊起中国珠宝产业的发展史，这位堪称中国珠宝产业的见证人为我回溯了艰难而又快速膨胀着的属于中国珠宝的二十年。她说："在最初的最初，中国是没有专业珠宝设计师的概念的，珠宝工匠担当着最简单的设计工作，大多款式只是照搬来自香港地区的西方设计样板，消费者可选择的主要还是那些简单加工的黄金首饰，当然，更不要提品牌意识。"而雪莉自己的珠宝设计生涯也是从珠宝零售业开始的，直到1999年，她有机会走访了意大利的珠宝店，才发现中国和西方国家在珠宝设计上存在的巨大差距。从那之后，她关掉所有门店转而去为中国的珠宝进口商充当买手。通过买一些做工精巧的珠宝首饰，拆开再重新组装，来研究它们的加工工艺。同时，她也到一些首饰加工厂和作坊向老手工艺人学习加工技艺。就这样，不断地探索工艺上的进步成为她向设计师方向转换角色的重要一环。

事实上，在我和她聊天时，她刚从2014年巴塞尔表展回来，她骄傲地告诉我："这次我带去的作品连老外都震惊了，他们说从来没见过这样的技术。"她独创的微型掐丝珐琅和镂空珐琅技术，连欧洲的珠宝艺术家都啧啧称赞。对于掐丝珐琅你可能不会陌生，各大钟表商都会将掐丝珐琅应用到制表技术上，因为复杂的工艺以及其特殊性，每一件都由工匠手工制造，以致每一块掐丝珐琅表都被贴上一个骇人听闻的天价。而雪莉的掐丝工艺，使用的是0.04mm厚度的金丝，比头发丝的0.08mm更薄，这在业界是前所未有的。工匠需要使用特制的线板诸根靠手工制作并挑选出最为标准的24K金丝。由于0.04mm的金丝极为柔软，所以十分容易变形，掐丝时对工匠力度的把控及造型能力要求极高。而镂空珐琅则被她形容为"更精致透彻，更闪耀夺目的欧洲教堂彩色玻璃窗"。这种珐琅工艺对烧制的温度和时间都有着极为严格的要求。一次失误之前的多次烧结都将前功尽弃，成品率极低，以至于这项极具挑战性的技术在当代的工艺品中变得越来越罕见。若不是亲眼所见，我无论如何也想象不到这种珐琅艺术品竟然鲜活得仿佛可以透射出阳光般的光泽。

"工艺和设计是对孪生姐妹，好的工艺让一件珠宝作品成为一个时代的符号。"我一直在回想雪莉说过的这句话，这句话写满了对于中国珠宝产业发展的信心。也许过去的二十年只是个序幕，属于中国珠宝设计的时代正在步步逼近。

熙·珠宝姻缘鹦鹉吊坠

Qeelin 麒麟珠宝
Yu Yi 系列 18K 白金镶钻如意带流苏吊坠

Shirley.Z 张雪莉艺术珠宝镂空雕花翡翠珐琅耳环

昭仪翠屋花丝镶嵌高级订制系列蜜蜂吊坠

Qeelin 麒麟珠宝
Yu Yi 系列 18K 白金镶钻如意带流苏吊坠

Chanel 香奈儿镶嵌黄钻黑漆耳环
Qeelin 麒麟珠宝 Qin Qin 系列 18K 白金镶钻石额顶镶红宝石金鱼吊坠
Qeelin 麒麟珠宝 Wulu 系列 18K 白金大号镶满钻葫芦吊坠
Shirley.Z 张雪莉艺术珠宝透光珐琅镶钻吊坠

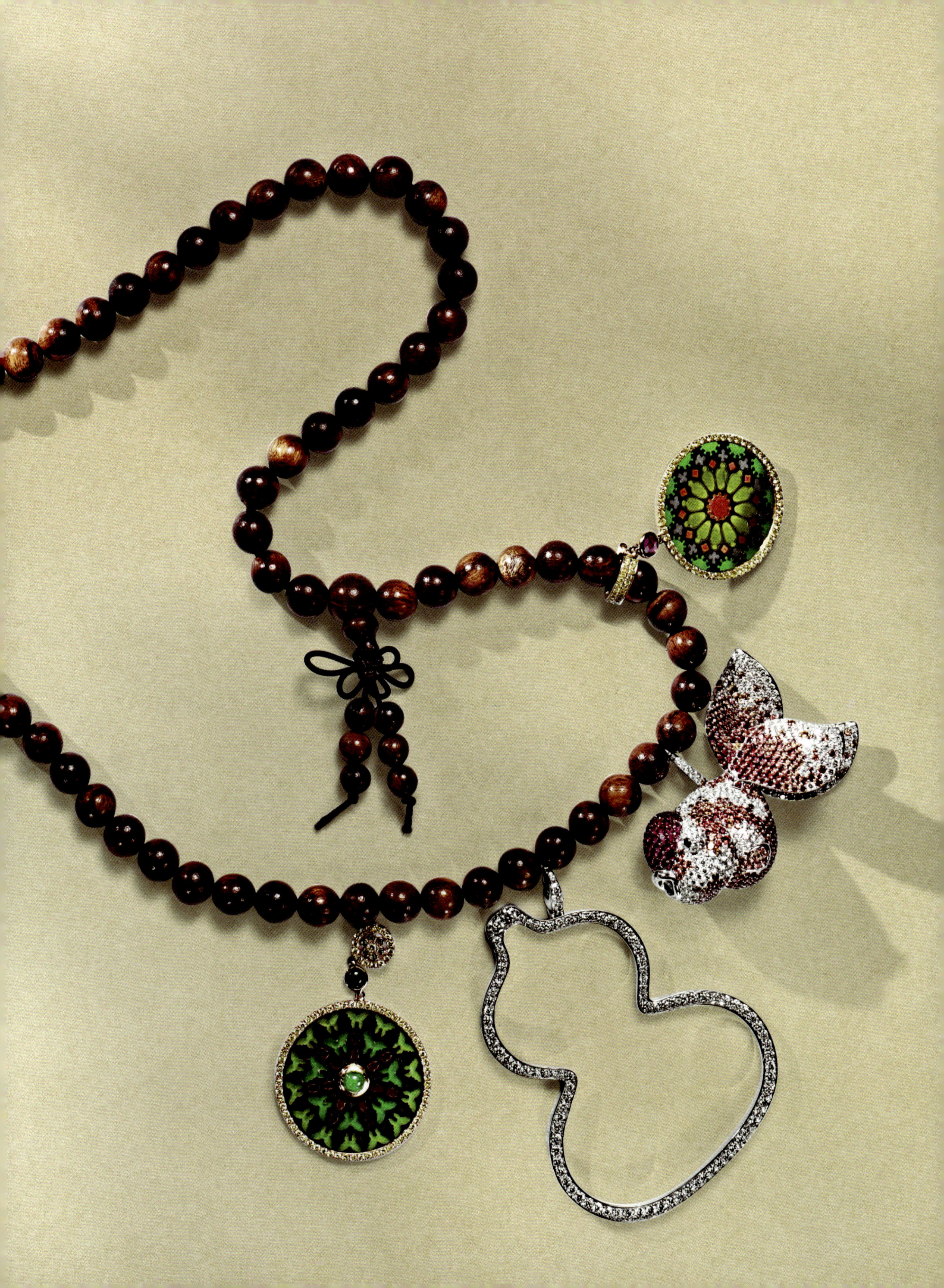

清乾隆白玉禅形玉佩

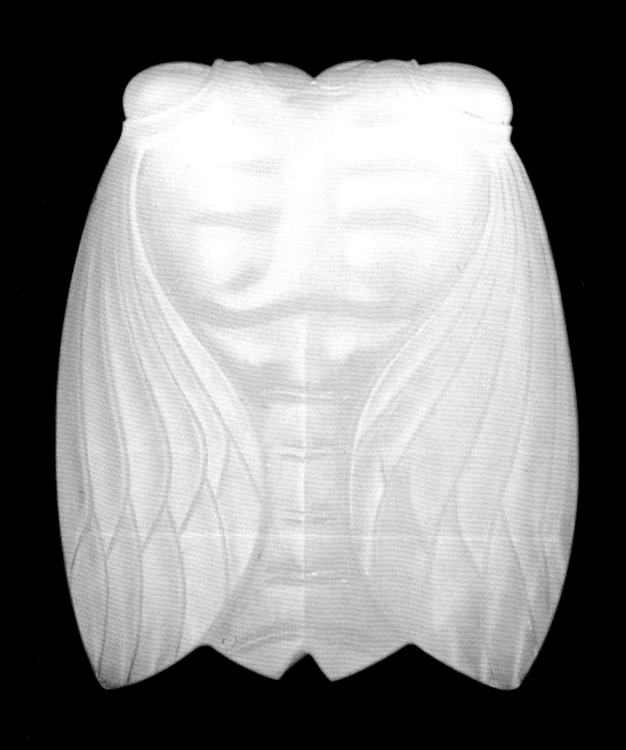

Wallace Chan 悟禅知翠胸针

清道光粉彩描金蝴蝶纹罐

Wallace Chan 翩翩系列玄舞胸针

Wallace Chan 苍龙教子胸针

明末清初象牙雕刻双龙纽印

Wallace Chan 仙渊项链

郑尧锦沉香雕刻龙珮

先锋画家俸正杰作品
Chaumet 尚美巴黎
网住我……若你爱我系列石榴石戒指

第五章
宝石作画

宝石在艺术家的手中,不再只是价值高贵的石头,

而成为表达情感和认知的载体。

它充满奇思妙想,可以是一幅画作、一首乐章,一种精神的凝结。

Tiffany & Co. 蒂芙尼坦桑石级南海珍珠胸针

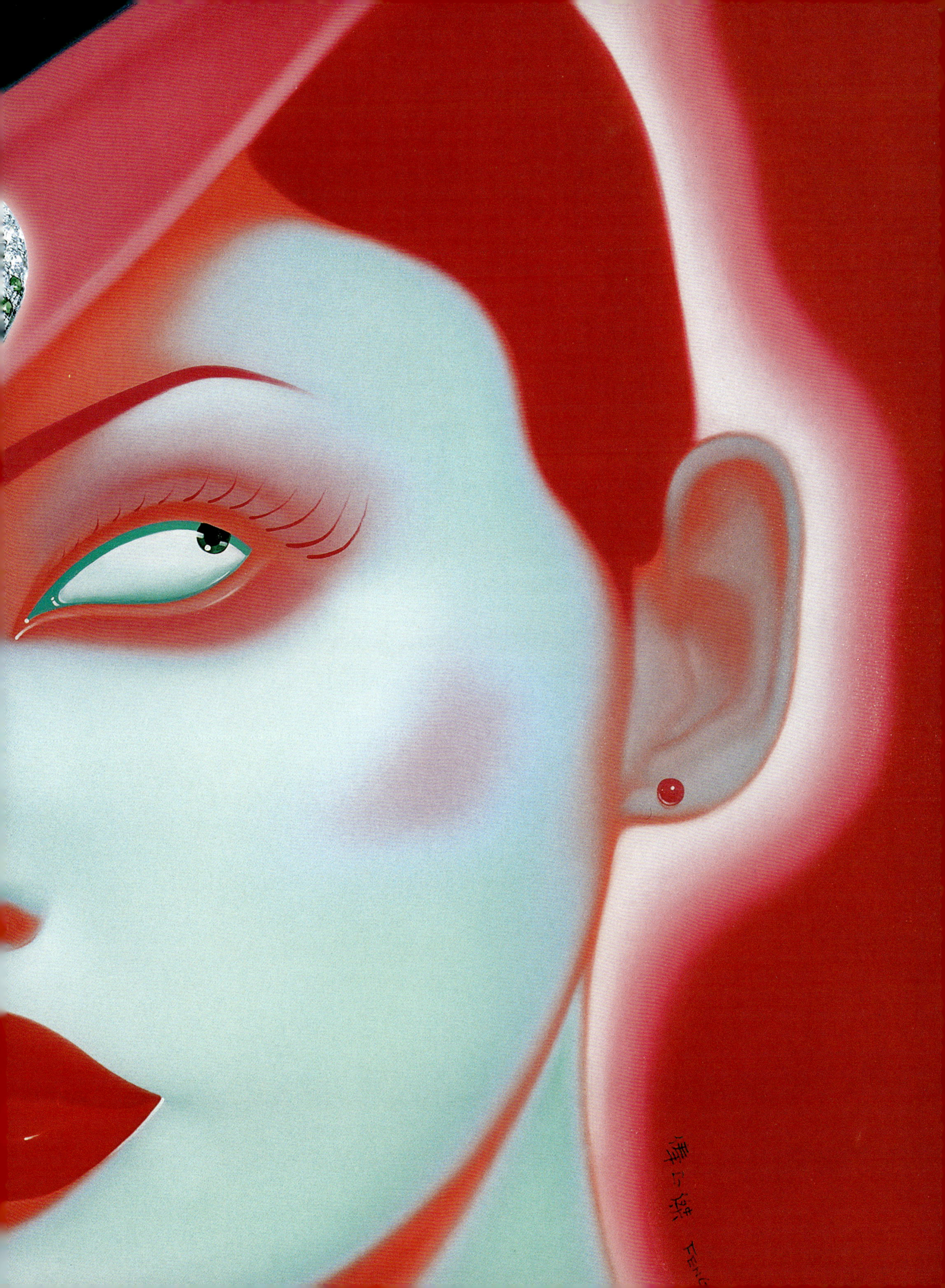

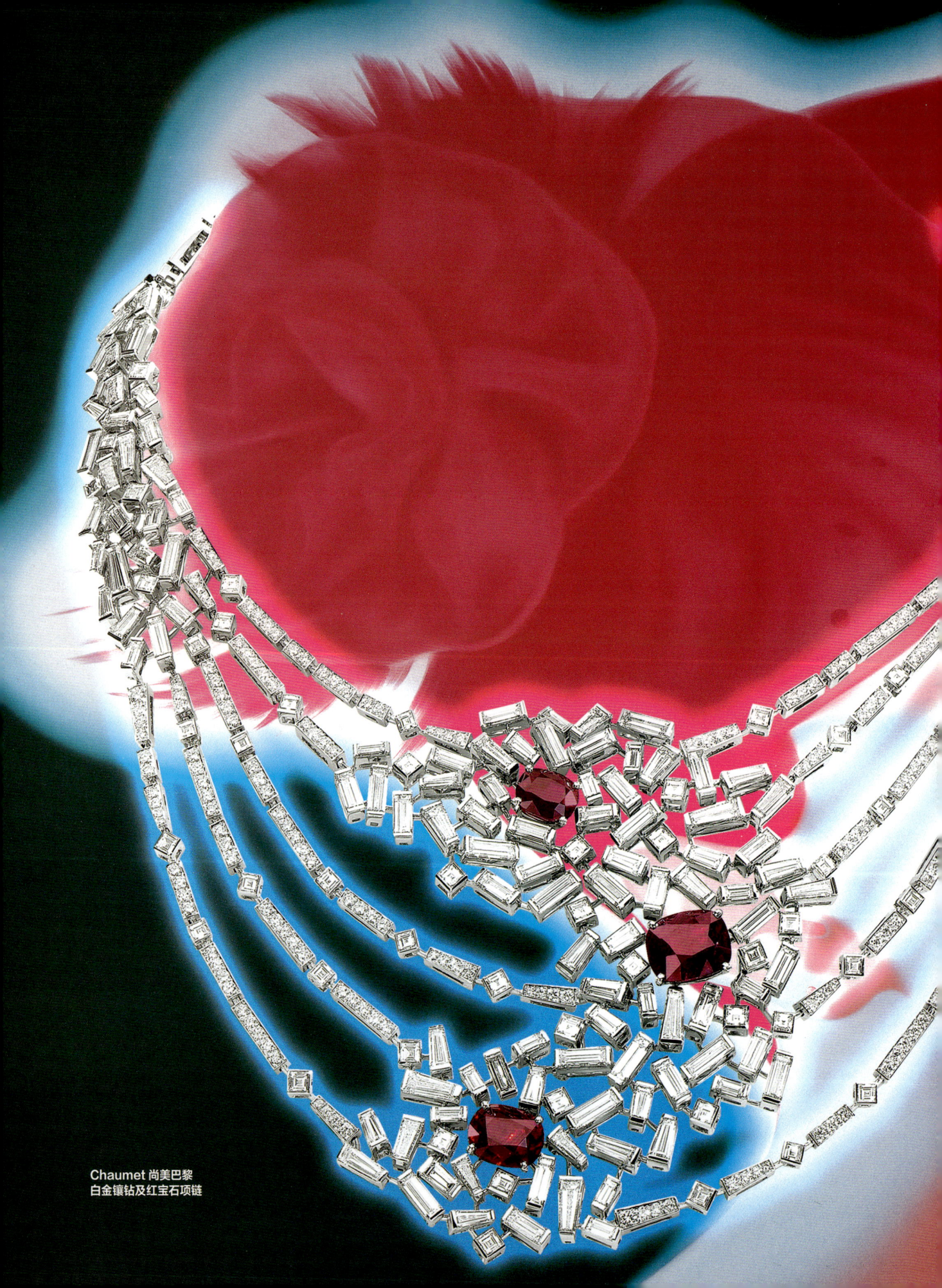

Chaumet 尚美巴黎
白金镶钻及红宝石项链

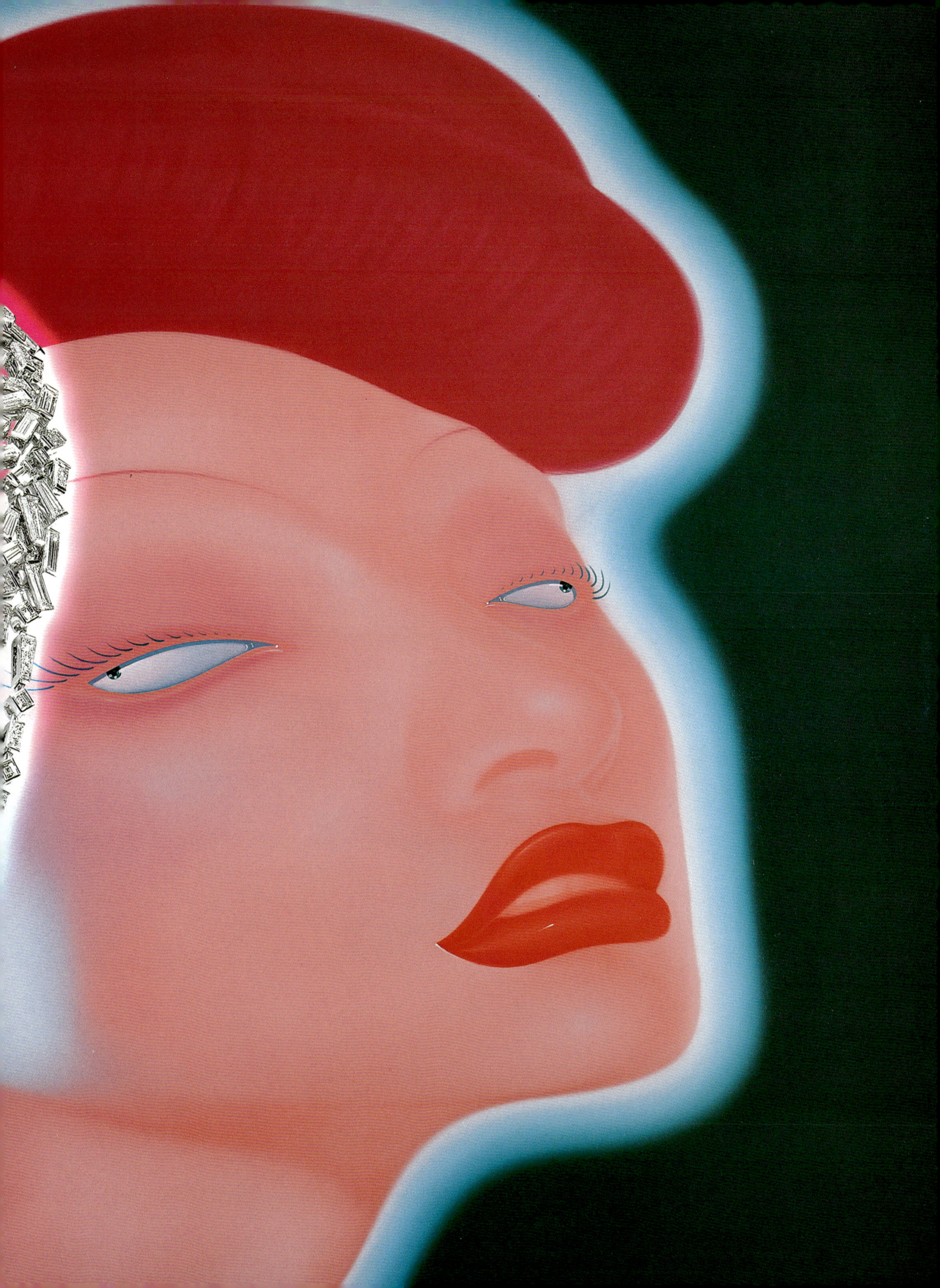

蝴蝶夫人

皇家蝴蝶于紫外线灯光下发生奇妙的萤光反应

一部普契尼的《蝴蝶夫人》以坚贞的爱情故事让世人潸然泪下,成为歌剧史上的不朽名作。而当华裔珠宝艺术家赵心绮(Cindy Chao)的皇家蝴蝶胸针成为美国史密森尼国家历史博物馆永久收藏品时,她便成为了真正的蝴蝶夫人。她以狂热的做艺术之心,赋予每一只蝴蝶作品以旺盛的生命力,而每一只蝴蝶都代表了不同阶段的她,我想带你透过蝴蝶背后的故事认识这位我最喜爱和尊敬的珠宝艺术家——赵心绮。

她的作品在全球知名拍卖行拍出令人瞠目的高价,被美国史密森尼国家历史博物馆收藏供每年六百万以上的参观者一睹风华,上流社会排着队要求订购她的作品,而她身边更不乏莎拉·杰西卡·帕克(Sarah Jessica Parker)这样潮流天后兼超级好友的力挺,这位真正的蝴蝶夫人赵心绮,在短短几年间已完成许多设计师钟其一生的梦想,她是个对艺术极尽狂热,可倾尽所有而义无反顾的冒险家,就像蝴蝶一样,在有限的时间里绽放着最耀眼的光辉。

在一年前的赵心绮全球首间概念珠宝艺廊的开幕派对上,好友舒淇静静地盯着赵心绮的作品许久而默默留下眼泪。宝石是冰冷的,但却因为倾注了设计师的情感而拥有了温暖人心并感动他人的生命力。赵心绮出生在一个台湾地区的艺术世家,外祖父是著名的建筑师,而父亲则是个淡泊名利的雕刻家,可以说,她从一出生,血液里就流淌着热爱艺术的DNA,家庭给了她巨大的影响,从小跟父亲学习雕塑,使她成为一个少有的会亲手制作蜡雕模型的设计师,而建筑学里三维立体的思考方式也在她心中扎根,让她习惯性地以360°理念看待事物。直到现在,她依然拒绝电脑绘图。"电脑做出来的东西完美、精准,却缺少情感。"借助双手,她的作品不需要任何语言,就轻易地击中人心。

认识赵心绮的人都知道她并不喜欢佩戴珠宝,设计师本人相当低调,与作品的绚烂形成了巨大反差。"我并不是因为喜爱宝石而设计珠宝,我只是借助宝石这种材质去做创作。"做珠宝艺术品,这是赵心绮最初的也是一直坚守的梦想。继2007年品牌在纽约佳士得首次于国际驰名以来,赵心绮每年都会设计一只蝴蝶珠宝作品。一只蝴蝶,一个自己,它们记录着她在追求艺术上的不断蜕变,更象征着她对品牌的期许和心境的缩影。五年来的挣扎、喜悦、辉煌也全都在每一对翅膀的震颤中留下印记。

在第一只蝴蝶诞生之前,赵心绮曾经历了人生最黑暗的时期。2005年冬,距离品牌创立两年的时间,她突然发现仅仅是做简单的珠宝订制并非是她想要的,心里有个巨大的声音呼喊她拾回最初想要做艺术珠宝的信念,于是她毅然决然拒绝了所有订单,埋头去研究镶嵌和创作。在做一个被市场左右的商人还是为梦想而执著的创作者的选择中,她不顾一切反对的声音而选择了后者。"每一个艺术创作者,都会面对反对的声音,因为他们在做别人没有做过的事情,也许不会成功,但只要我试过,就不后悔。"现在想起来,她还会被那时的勇气所吓到。而后的两年里几乎是段看不到未来的日子,那时她完成了后来震惊纽约佳士得的"四季系列",而蝴蝶也等待着破茧而出。

2006年,她意外从供应商手中获得了一对不规则切割红宝石,这样的宝石在当时几乎没人想要,可她却视若珍宝,很快脑海里就有了一个展翅侧飞的蝴蝶的雏形,就像当时她的心境,急切地渴望挣脱束缚,展翅高飞。然而,360度的镶嵌技术在当时来讲还异常困难,直到2008年,这只红宝侧飞蝴蝶才真正完成。整个设计以一对不规则切割的无烧红宝石为设计主轴,用钻石、彩色钻石和变色蓝宝石进行全面360°的环绕镶嵌,勾勒出一只蛰伏已久、准备振翅高飞的红宝侧飞蝴蝶。

谁也不会想到,后来的"皇家蝴蝶"会被美国史密森尼国家历史博物馆列为典藏,成为建馆164年来第一件华人珠宝艺术作品。在2012年为这件作品展出举行的揭幕仪式上,无数媒体向收藏馆长发问:"为什么要收藏赵心绮的皇家蝴蝶?"要知道只有诸如拿破仑皇后的皇冠,马丽安东尼皇后的耳环以及众所周知的海瑞温斯顿(Harry Winston)希望之钻这类极有历史代表性的或极罕见的宝石才有此资格。馆长的回答是:"这是在21世纪艺术创意上一个具有代表性意义的经典作品,我收藏的是一个未来的古迹,可供未来三五百年的人来回顾这个世纪的艺术历史。"对于赵心绮而言,这是莫大的肯定和荣耀。"一路我都在埋着头创作,没有时间回头看,可是这一刻,所有的故事好像统统都回来了。"

2007年,她开始着手于皇家蝴蝶的创作,中途几度面临资金周转不灵,被迫得放弃的局面,不得已只能借钱,那时她想"这可能是我此生最后一件作品了"。孤注一掷反而创造奇迹,历时两年半淬炼的皇家蝴蝶,经过周密计算,结合工程结构和制作机关,才得以将总重达77克拉的2318颗各式珍贵彩色宝石天衣无

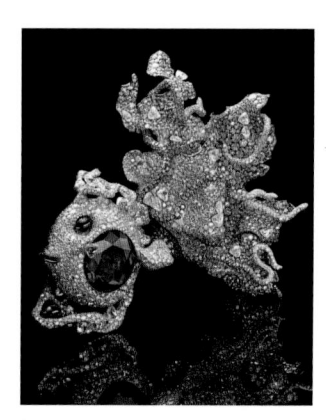

CINDY CHAO2014 大师系列神秘鱼胸针采用的亦是独步全球的 360º 镶嵌工法

缝地围绕四枚未经打磨的钻石原胚严密镶嵌，并使其正反两面呈现截然不同的花纹和图腾，360º 的镶嵌概念发挥到极致，一体成形找不到一丝接缝。它不同于以往的珠宝，而是一个微型的雕塑艺术品。可惜，成功并没有像期待中的那么快到来。那时艺术珠宝对于国内买家来说还太难理解。

2009 年，她好不容易约到与纽约七星级精品百货波道夫·古德曼（Bergdorf Goodman）的知名买手见面。作为一个新锐设计师，当她带着呕心沥血完成的几件大师系列珠宝小心翼翼地站在这个人面前时却被告知"你只有 15 分钟时间。"面前的赵心绮睁大眼睛，"天哪，15 分钟，我决定一边给他看我的作品一边介绍自己。我永远不会忘记他看到盒子被打开的瞬间的表情。我正要开口说话，他说你先不要讲话，就这样盯着我的作品看了十分钟。之后他打了几通电话，而最后一通是打给他的秘书把后面的工作推迟。然后他坐下来开始慢慢听我的故事，他告诉我他刚刚打给了纽约最权威的编辑，推荐他们看看我的作品。而后来我才从这些编辑打来的电话中得知，他上一次这样做是六年前的事了。"就这样，皇家蝴蝶被赫然登载在纽约时尚圣经 Women's Wear Daily(WWD) 的头版头条，那是这个日报创刊百年来首次以珠宝作为头版头条。此时的赵心绮，才终于获得世界的认可，即便是有人出高价购买皇家蝴蝶，她也不愿出售，因为这只蝴蝶对她有着特别的意义。带着她的梦想，这只蝴蝶最终飞进了美国史密森尼国家历史博物馆，而轰动世界。

经历了皇家蝴蝶技惊四座的成功，巨大的被认同感让赵心绮的蝴蝶呈现为幸福绽放的姿态，2010 年的红宝玫瑰蝴蝶上，围绕着一颗 9.45 克拉的蛋面切割红宝石为中心，四片翅膀如玫瑰花瓣般盛开，尽情释放着心底的浪漫。蝶翼上以六片拥有丰富花纹的桃花木色钻石原胚点缀，柔软而舒展，散发出充满生命力的弧度线条。从这之后的蝴蝶作品，开始采用蜂巢式镶嵌，这种镶嵌手法让宝石的透光度更佳，即使在光线不足的情况下，这只蝴蝶依然可以呈现栩栩如生的光感。这时蝴蝶夫人的人生就像盛放的玫瑰，充满了希望。

赵心绮热爱梵高。"他的画作之所以在几个世纪之后还有如此张力，是因为将全部的感情完全投入在创作中。"受其作品启发，2011 年的蝴蝶里出现更为强烈的对比色彩和流淌的质感，以 5.32 克拉梨形艳彩黄钻为主石，周围运用总重超过85克拉的1821颗各种色调的蓝宝石和黄色钻石晕染开来,贵金属仿佛成为画板,色彩肆意撒落其上。同时,赵心绮也把自己对于生命的理解融入了完美蝴蝶的创作,并用镂空的设计给予了蝴蝶纤弱的残翼,任何完美的事物都经历了不完美的蜕变过程,就像她自己,经历了一个又一个低潮,蜕变为更为强大而丰富的内心,这残翼是她曾经经历试练和孤独的证据,而这些只会让她更加灿烂。

这时,完美的蝴蝶夫人已经拥有舞台,她深知只有推翻自己,重新来过才能有所突破。重生蝴蝶代表赵心绮的创作真正跨越了一个分水岭,她不再因宝石而设计,而是以灵感取材。这次她大胆地采用钛金属制作的蝴蝶,尽管这种金属能够解决K金在重量上的问题,但是由于熔点高、硬度大,在初期制作的阶段就遇到了诸多困难,失败了不下几十次。一系列新的挑战接踵而至,让坚强的赵心绮彻底崩溃。还记得那天她在父亲面前足足掉了40分钟眼泪,直到眼泪都哭干才停止,"哭完了?"父亲拉着她的手讲了让她铭记一生的一句话:"你遇到的困难,我没有能力帮你,但是你要记住,你现在达到的成就已经大大地超越了我,你应该以自己为荣。"没过几天,父亲突发性脑中风,一天之内就去世了。"之后我每想起他这句话,我就觉得无论遇到怎样的困难都不要放弃。"最后,2012年的年度蝴蝶又一次惊艳了世人的眼球,围绕着一颗3.01克拉的盾形切割白钻,三千颗钻石和蓝宝石铺陈开来,只要轻轻转动,就能迸射出迷人的火光。在色彩的运用上更为简单极致,你只能看到蓝与白的天空的颜色。

即便已经获得如此成就,赵心绮还是常常会拿起某件已经足够完美的作品,说着哪里哪里还可以改进。她至今不爱名牌,不爱享受,甚至没时间陪家人,她唯一喜欢的,只是埋头做事。大部分人一定会认为现在的赵心绮是时候实行量产,是时候开疆拓土。可是事实完全相反,她不但拒绝量产,连订制的订单都很少接了,现在的她更加全身心地投入创作。"成就一件作品,需要极大的坚持与勇气。人的躯壳会因时间而消逝,艺术却能亘古流传。所以我们用作品证明,自己曾经存在过。"这是赵心绮所坚守的创作信念。作为一个珠宝编辑,中国设计师能在世界舞台上大放异彩也是个人的心愿,因此在这本书的封面上,我选择了赵心绮的重生蝴蝶做设计,因为这件珠宝对于全球华人的珠宝设计界来说都意义非凡。

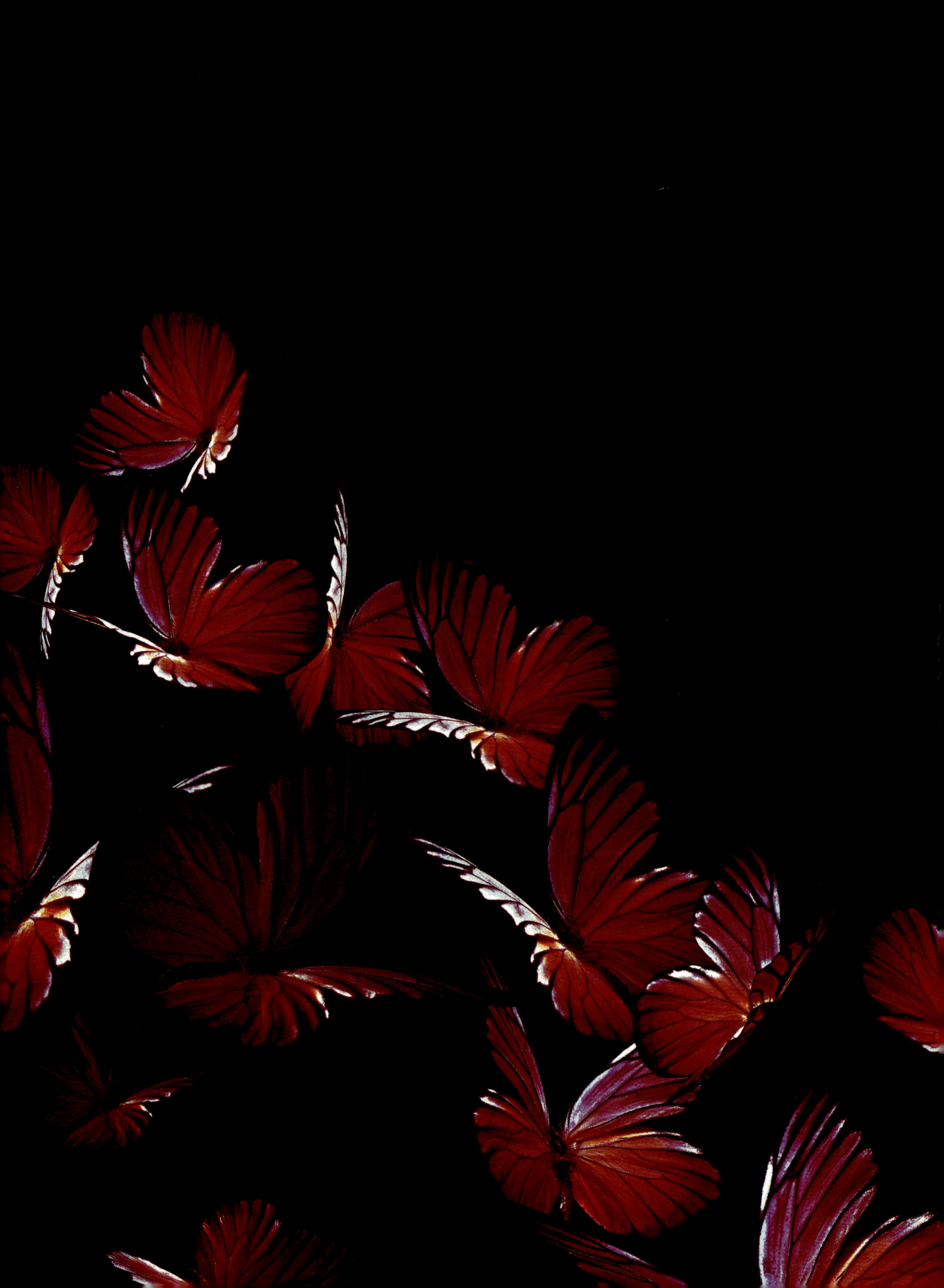

CINDY CHAO
The Art Jewel 红宝侧飞蝴蝶（2008 年度）

CINDY CHAO
The Art Jewel 皇家蝴蝶 (2009 年度)

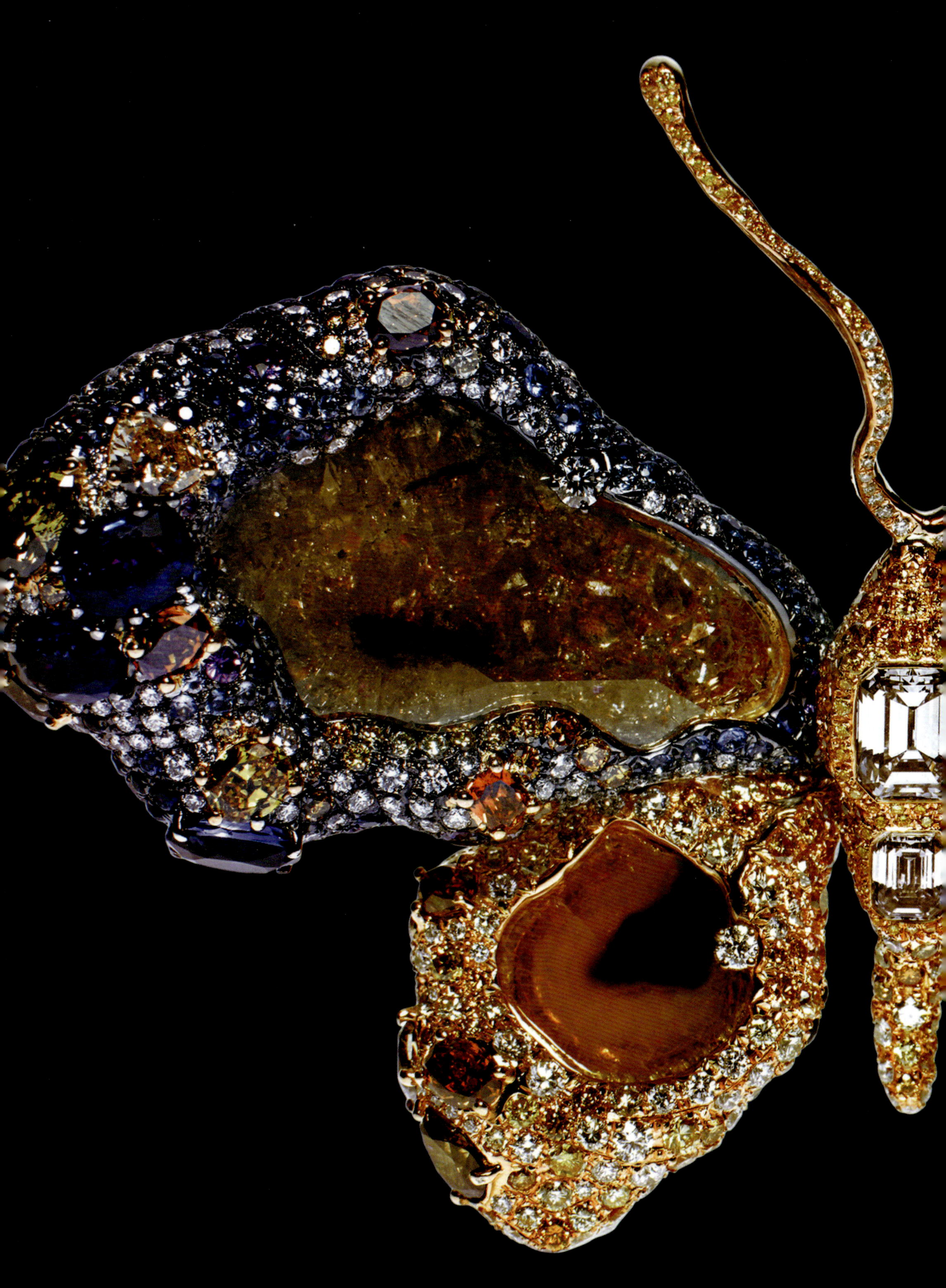

CINDY CHAO
The Art Jewel 红宝玫瑰蝴蝶（2010 年度）

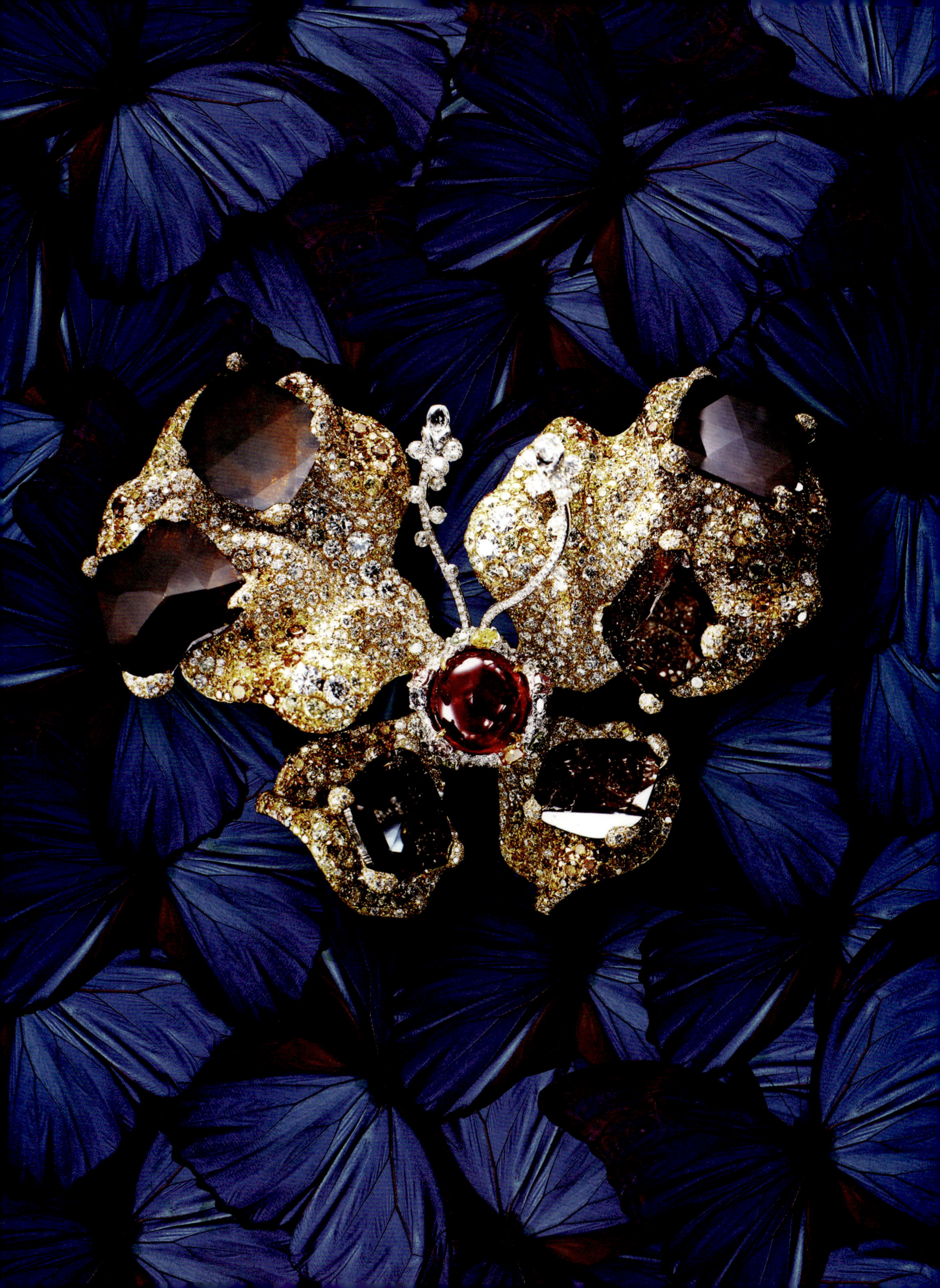

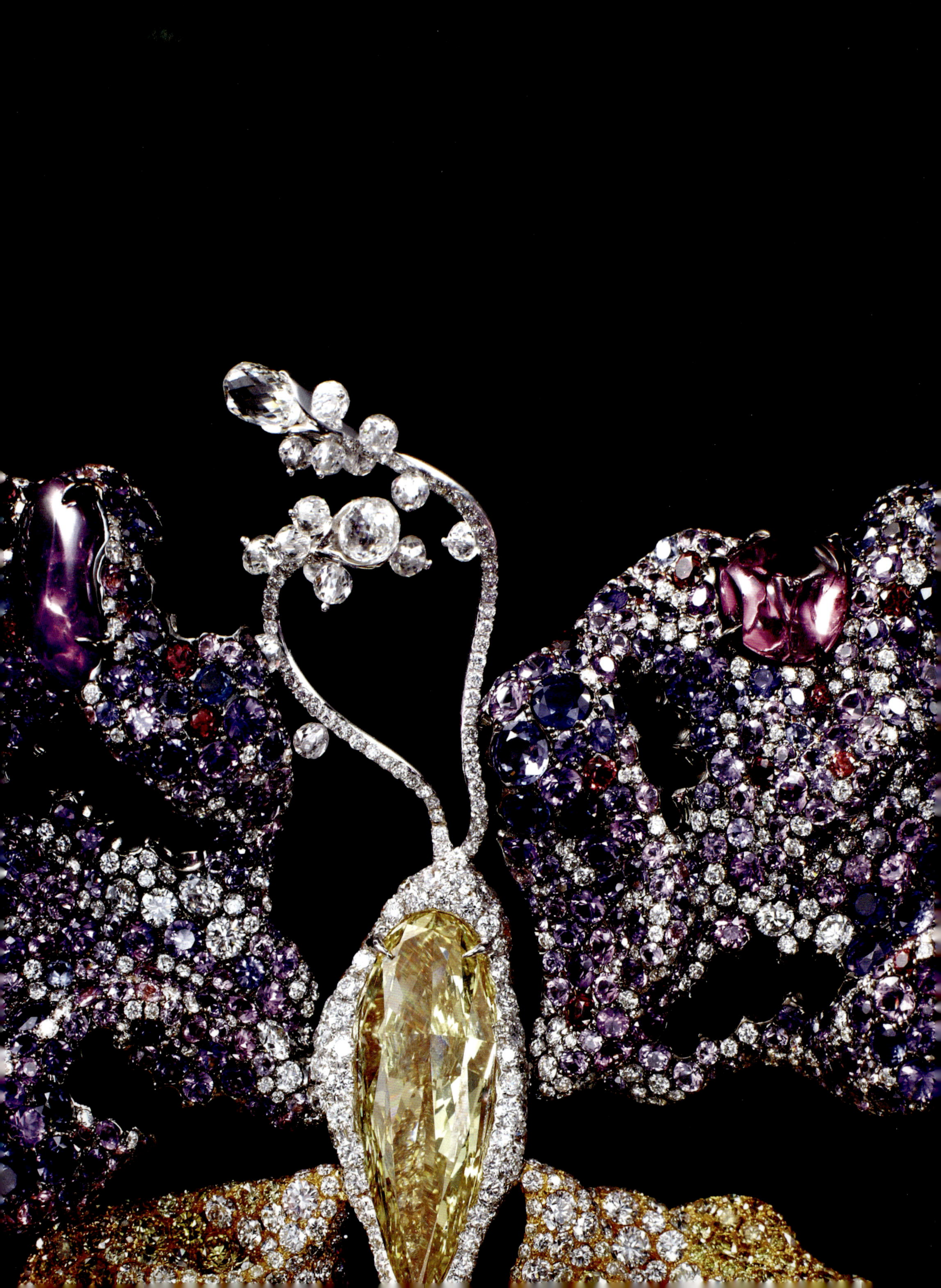

CINDY CHAO
The Art Jewel 完美蝴蝶（2011 年度）

CINDY CHAO
The Art Jewel 重生蝴蝶 (2012 年度)

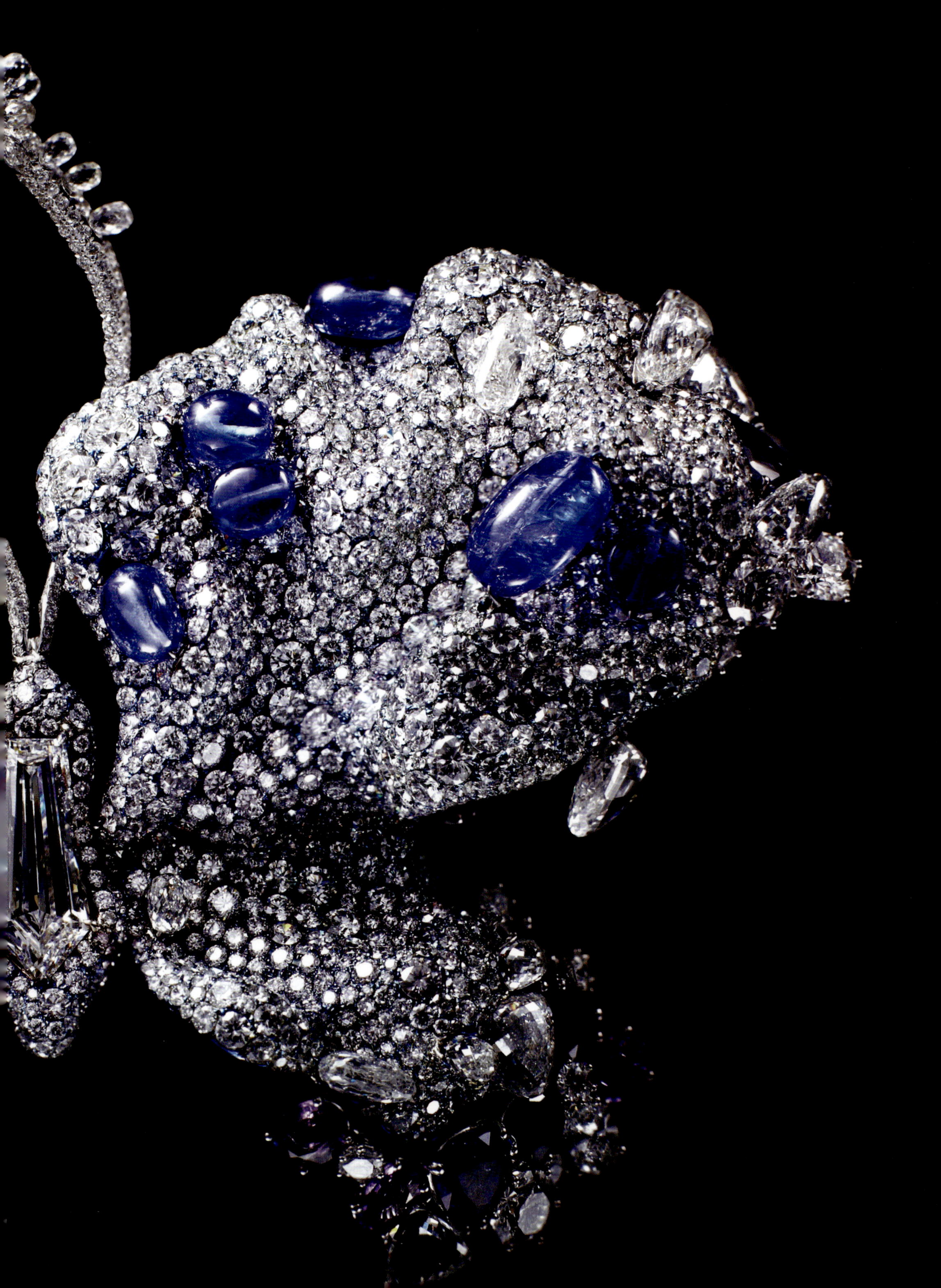

投资珠宝还是投资艺术？

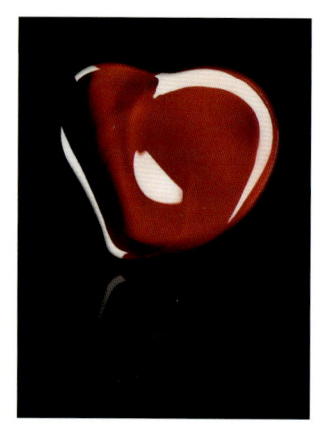

美国著名艺术评论家托马斯·霍文是这样给艺术品下定义的："它描绘出想表达的内容，它具有创新精神，它技法成熟，它意境深远，它令人过目不忘。"如果世间所有的艺术品都得遵循这个定理，那么珠宝作为大艺术的小分支自然是无出其右。正因如此，艺术珠宝也就成了投资收藏的新宠。

那么究竟怎样的珠宝才能称为艺术珠宝？我不敢妄加评判和定义，但我认为它至少应该是无可复制、亘古恒新，并且具有一定的跨界性，可能是不同地域文化上跨界，可能是不同艺术形态上的跨界。比如我们熟知的华人珠宝艺术家赵心绮，她的每件大师系列珠宝作品几乎都是艺术珠宝，做艺术珠宝也是她一直以来坚持的信念。她最具代表性的艺术珠宝作品就采用了360°镶嵌的立体建筑思维。突破传统平面的珠宝镶嵌工艺，面面俱到地在每一细节都镶满宝石。这种镶嵌方式兼具空间感和结构性，甚至符合人体工学以及配戴者的舒适性，光线落在宝石上会释放舞动的火光。这种镶嵌的成功往往只有20%，对于镶嵌师的技术要求极高，在25倍显微放大镜头下工作，平均一天3小时即是人体眼球负荷的极限，而镶钻过程中种种技术难度当然也往往将制作期无限期拉长。但是这种工艺使得她的珠宝作品呈现出无以伦比的流动的生命力，常常在各大拍卖会上以近百万美金价格被收藏。

另一位不得不提及的是珠宝艺术大师陈世英，他是五十年来唯一获邀参加巴黎古董双年展的亚洲及中国参展商。这个一脸大胡子的男人总与最细巧的珠宝打交道，作品的细腻程度连女人都会惊叹连连。他是珠宝设计师，也是雕刻艺术家，因此他的作品也被视为"可穿戴的雕刻艺术品。"不囿于传统技术范畴，他创造性地使用轻盈的钛金属作为珠宝的骨干，让复杂的作品更利于佩戴。他的创作还结合了中国"禅"的精神，以形写神，比如在那枚著名的"悟禅知翠"胸针上，透光材质的巧妙运用，让光影产生的玄妙变化，达到形神共存的效应。

以宝石作画是艺术珠宝的另一种存在形式，只是珠宝设计师胡茵菲在这个"画"里融入了更多关于音乐的跨界元素。你一定想不到，这位曾创下全球华人当代珠宝艺术家世界拍卖最高纪录的设计师曾经是位大提琴演奏家，有时她会从莫奈的油画里汲取灵感，有时她的灵感又来自宋徽宗的画卷，她为格温妮斯·帕特洛（Gwyneth Paltrow）设计的拼接手镯，则看起来它是结合了两个元素，一个来自柴可夫斯基音乐剧里面的冰雪皇后，一个来自中国的长曲竹。在她手中，宝石像是一块砖，音符就是框架，她就是为宝石谱曲的音乐家。

这些"融汇"大师和所有的艺术家一样，都是疯狂的，这种疯狂启发出艺术的火光，这种妙想天开让宝石突破了本性的束缚，而成为艺术的载体，这过程说穿了，不过是换个角度看风景的事。

Tiffany & Co. 蒂芙尼艾尔莎柏瑞蒂家具系列

武明中布面丙烯作品：宝贝，小心！

郑路不锈钢雕塑作品：淋漓水经注

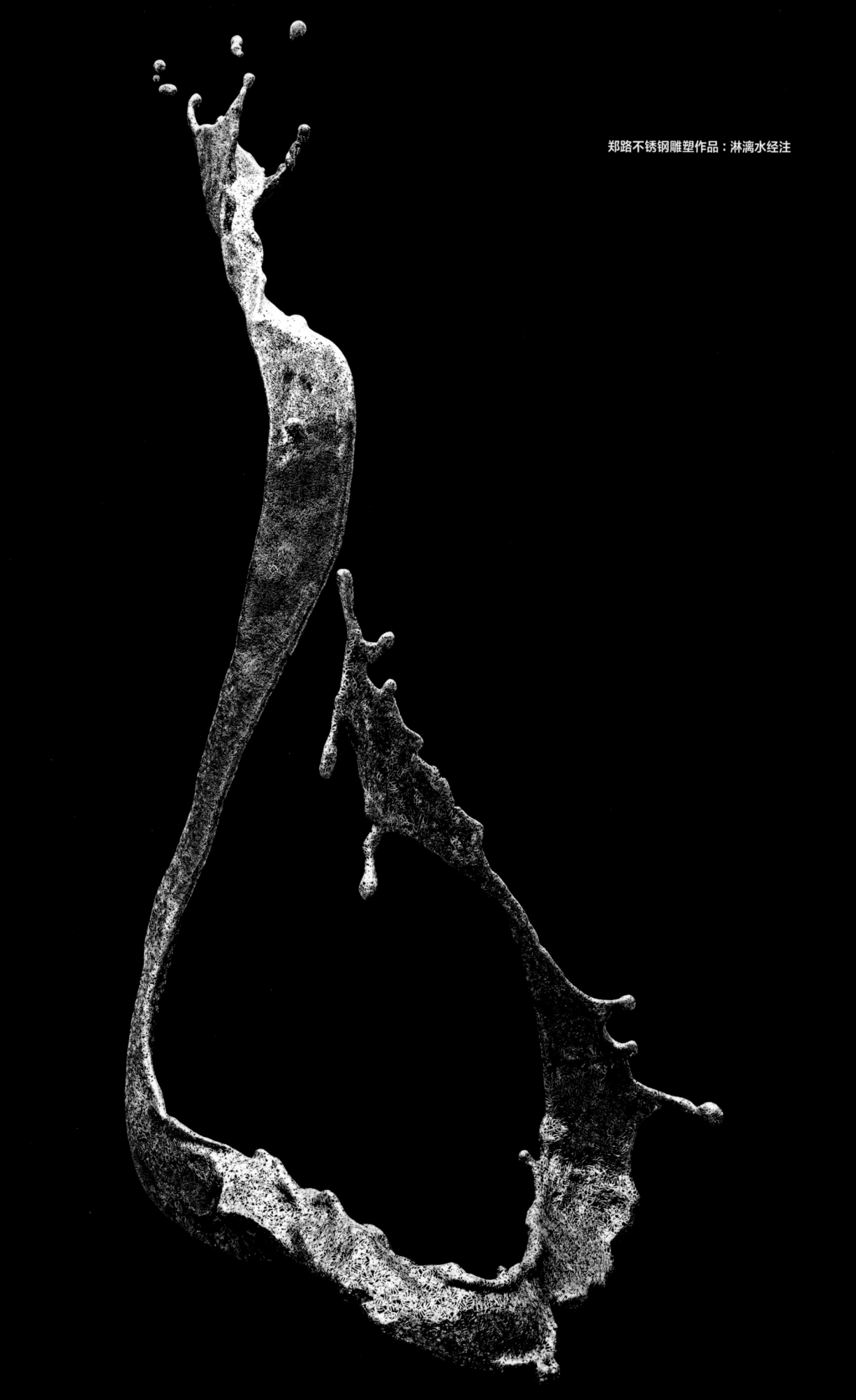

Fei Liu 高级珠宝铂金水晶戒指

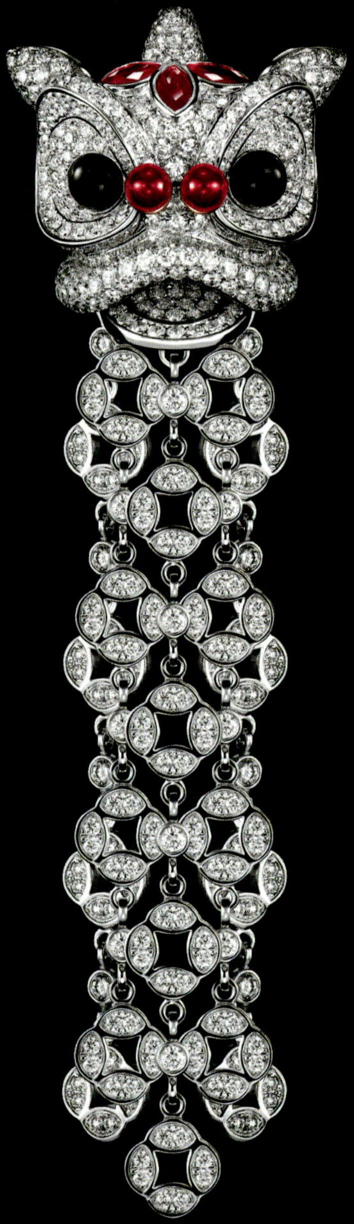

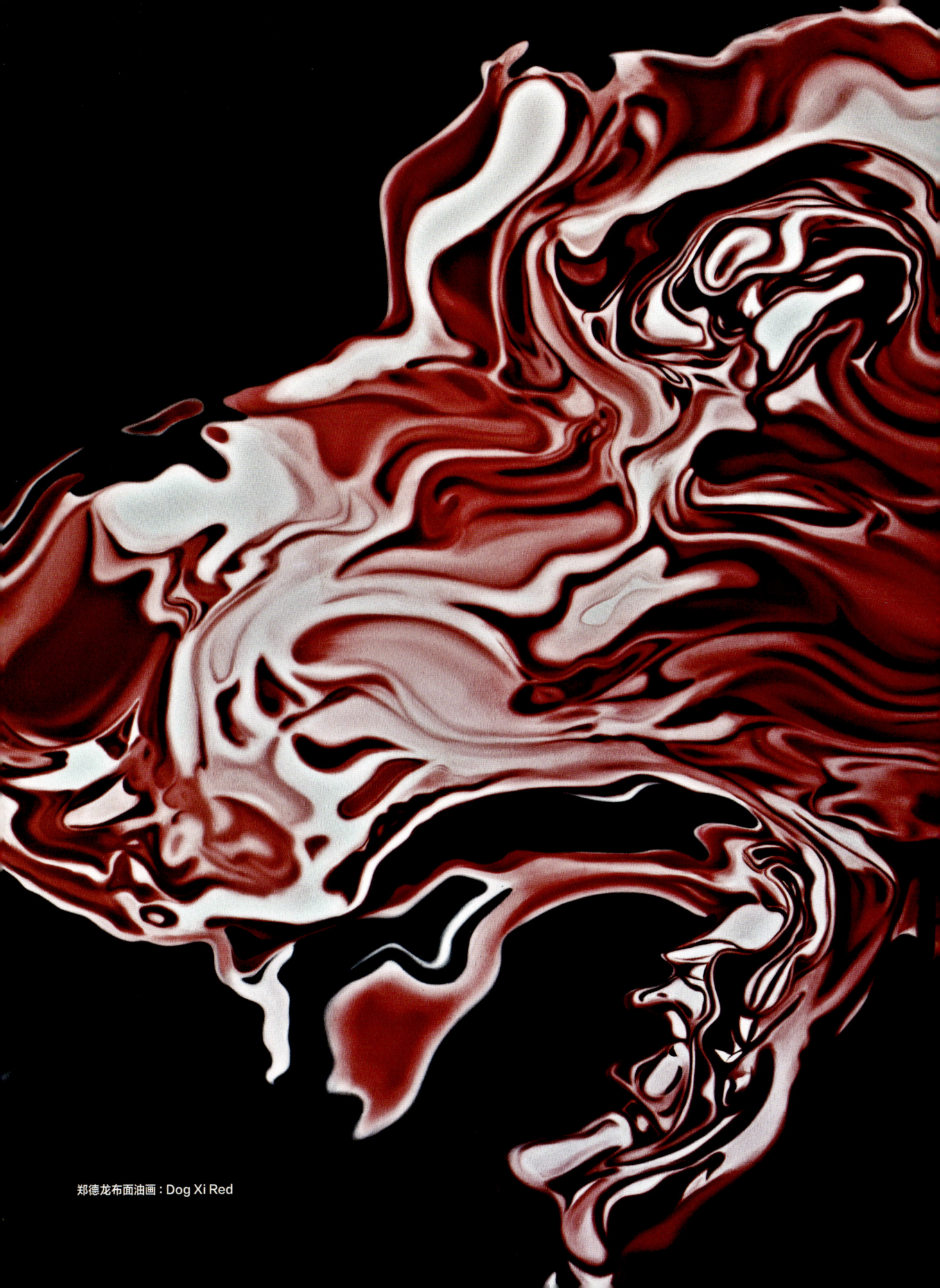

郑德龙布面油画：Dog Xi Red

Chaumet 尚美巴黎爱加冕钻石耳环

Asulikeit 古董珐琅胸针

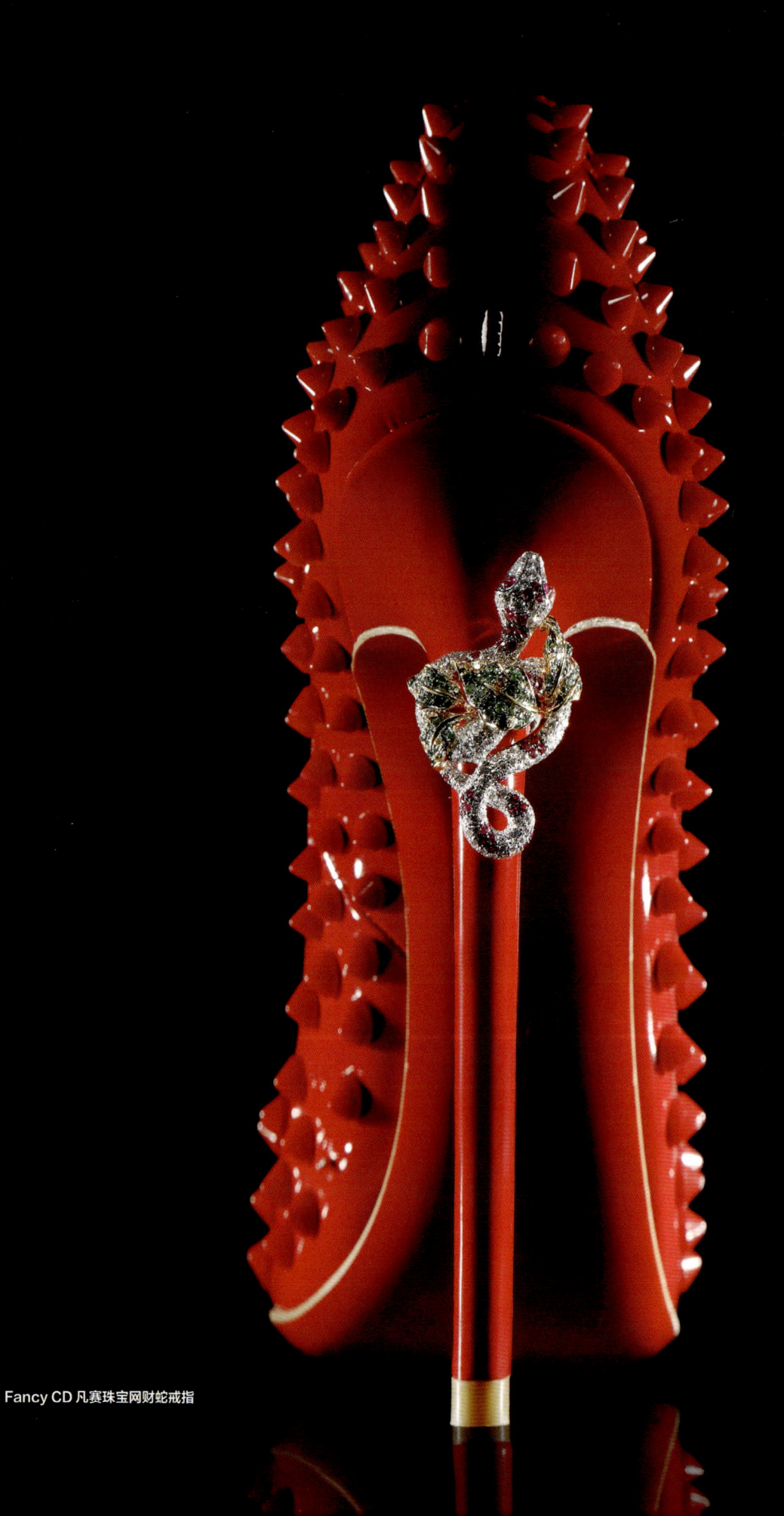

Fancy CD 凡赛珠宝网财蛇戒指

Chaumet 尚美巴黎
网住我……若你爱我紫晶耳环

Chanel 香奈儿高级珠宝彗星项链

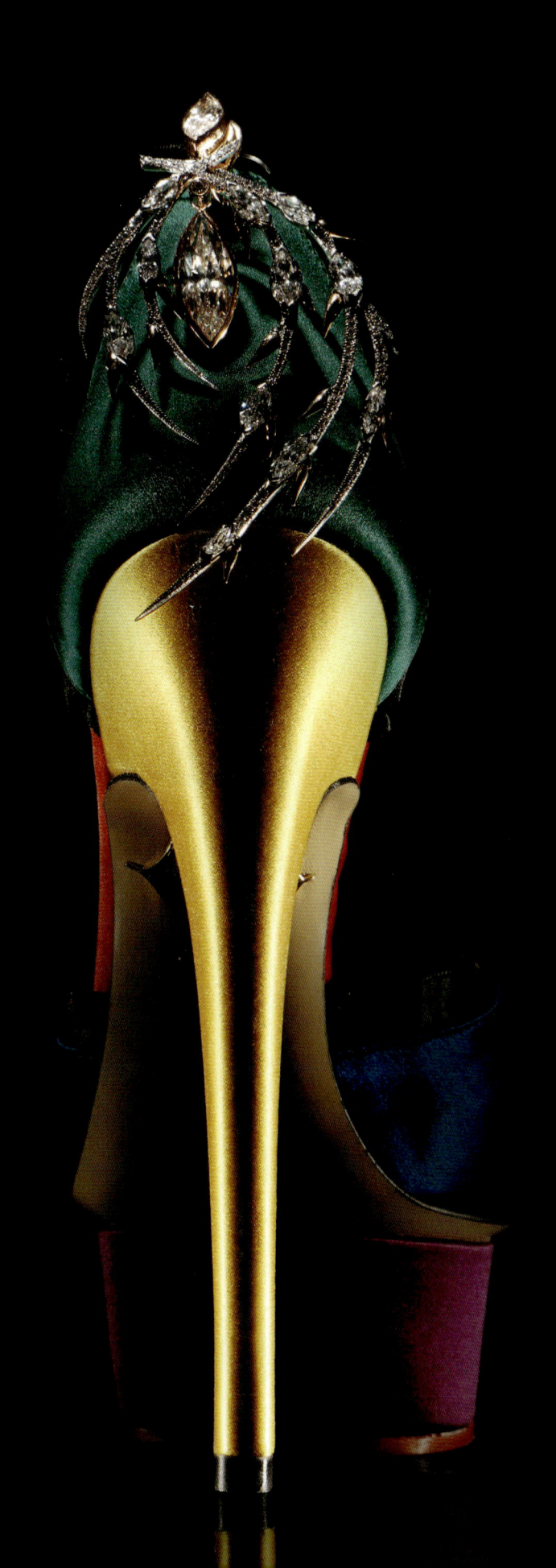

Forevermark 永恒印记
承诺系列美钻耳环

Chanel 香奈儿顶级珠宝彩宝钻石项链

第六章
珠宝是最好的情人

珠宝最懂女人,它给予你的幸福感甚至远远超过一个贴心的情人。
因为它最会传递情感,一个关于缘分的故事、一个关于幸运的传奇,
它对你来说就成了一种特别的纪念与你产生共鸣。

Van Cleef & Arpels 梵克雅宝
传奇舞会系列高级珠宝项链及耳环

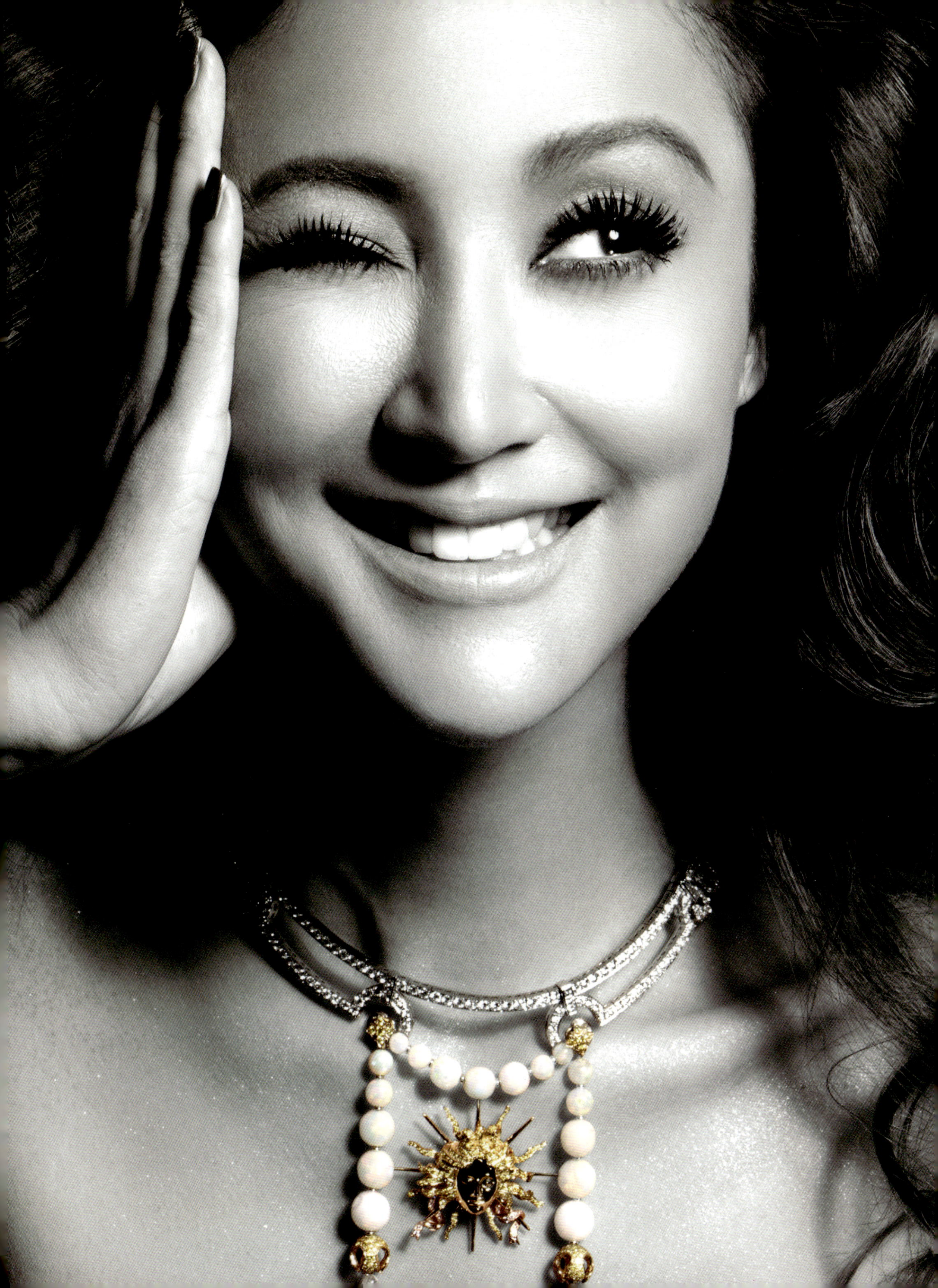

美丽的符号 动人的砝码

Chaumet 尚美巴黎缘系·一生戒指

在我的工作里，跟设计师聊天，跟品牌创始人吃饭，是不可或缺的事情。在推杯换盏之间，我常常受到启发，也常常被问到："究竟怎样的珠宝才能真正打动你？"我的答案很简单，不是珠宝够大件或者宝石够分量。而是满足三个要素：品质、创意和情感。为了说明这一点，我想举两个例子。

一个是尚美巴黎（CHAUMET）推出的缘系·一生（Liens）系列珠宝，乍看上去，它们只是一个又一个不同形式的"连接"符号，惊艳程度远远比不了华美的宝石、复杂的镶嵌。但是如果你再深入地了解它一点，你就会被它深深地打动。首先，它有着三百多年历史的法国皇室珠宝品牌做支撑，精湛的手工工艺保障了它的品质。然后，简单的"X 交叉"造型背后还有个意味深长的含义，它的设计理念来自"缘分、结缘"。单连接的"X 交叉"就仿佛月老的一根红线，将世界上两个不同角落的人越拉越近，将彼此的命运关联在一起；也仿佛是两人相约时相勾的两个小手指，代表着一段缘分，一个盟誓，一个许诺。在某些作品中你还会发现一个别出心裁的"间距"设计，"交叉"变为"交错"的形致，代表两人之间有空间，也有联系；有个人，也有彼此；是亲密，也是距离，这么多奇妙的一种暗喻——代表着结合与承诺，代表着永恒的婚姻哲学。而说到情感，便可以追溯到尚美巴黎诞生之初，这种"联结符号"在 17 世纪的"同心结"结构，到后来的玛丽·安托瓦内特皇后的"绳结"结构，以及源自巴黎"美好时代"的花环丝带结构里都屡见不鲜。那么还有什么是比这"连接"作为情人间的永恒结缘见证更加深刻的事物呢？

我突发奇想，用芭蕾舞者的肢体诠释这个"连接"，在脚尖上舞出缘分的故事。于是你会看到光与影下舒展的肢体，诠释爱与被爱，托付与依赖"命中注定"的缘分。这个缘分可以是与爱人之间执子之手的亲密：是各有各忙的"空间"，但想念时总能握在一起的默契；是各有所好的"距离"，却谁也离开不了对方的厮守。这个缘分也可以是一段跟自己的约定：在《玛祖卡圆舞曲》回响在大厅之中，舞者伸展、含颚，幻想自己正是湖心中的白天鹅，期待一场不期而遇的缘分，这时这个"交叉"是一双有力的臂膀，拥抱自己那颗等待许久的心，仿佛是姊妹、知己般，与定静、脱俗的自己为伴。

我仅仅想说明的是：有了美好的寓意为依托，即使没有璀璨夺目的宝石，一个简单的符号也能轻易地俘虏你的心。

另一个故事则是我从梵克雅宝的亚太区总裁何妍怡（Catherine Rénier）女士那里听来的，这是一个有关幸运的传奇。对于梵克雅宝的经典四叶幸运草系列你可能再熟悉不过,但是,这并不代表它是个普通的符号。故事要从艾斯特尔·雅宝的侄子雅克·雅宝说起,他有一句名言:"心怀幸运之愿,方能成为幸运之士。"这位与生俱来的收藏家时刻关注着幸运的表现方式。每年1月,雅克·雅宝都会送出白底红边的心意卡,里面写上有关爱或幸福的格言,而他最喜爱的格言就是"坠入爱河的男人,面对令他快乐的女人,绝对无法拒绝她的任何要求"以及"有心人自会发现个中标志"。有一次,他在花园里采摘四叶草,然后赠与众员工,并附上自己喜欢的诗歌《不要放弃》,以鼓励他们要心怀希望。于是,1968年,这个四叶幸运图案变成一串项链,以黄K金珠饰为其添上金边,成了梵克雅宝的幸运标志。当然,梵克雅宝对于幸运符号的追求并未止步,他们在全世界不断找寻新的材质来丰富这个幸运的含义,比如南美洲的棕红色的蛇纹木,相传具有神奇力量,用它制成的四叶图案喻意"以幸运之木驱走恶运",再比如孔雀石,人们相信孔雀石能守护孩童和旅人,因而常被用作护身符佩戴,所以它理所当然地被选作四叶幸运系列的材质。

　　也许故事讲到这里,尚且不足以感动你,那么请听我把故事讲完。事实上,这个简单的四叶图案只是梵克雅宝庞大的幸运符号家族中的一个小小成员。每年,梵克雅宝都会在全世界搜寻幸运的符号,并以高级珠宝来把它镌刻。在意大利人眼中,七星瓢虫是幸运的象征,当它落在你身上,代表幸运就要降临,因此,瓢虫成了梵克雅宝的幸运符号。神话故事里的独角兽是纯洁天真的象征,于是它的形态也被梵克雅宝视作幸运的象征。当然,他们也从中国的吉祥符号里取材,比如莲花、锦鲤。用探索的精神去做创意,不能不美好,也不能不让人感动。

　　所以,如果我想予人幸运,祝人幸福,我会送她梵克雅宝。因为宝石不再冰冷,而变得有生命,积极乐观的生命,它不仅时刻在与你对话,并且时刻守护着你。

　　就像何妍怡女士所说,尽管她现在拥有很多珠宝,但是她先生早年送给她的一副四叶幸运草耳坠仍然是她的挚爱。因为那不仅仅是一件珠宝,而是一份情感的托付,是幸福的锦上添花。伊丽莎白泰勒也曾经说过"我几乎忘记自己过去的辉煌,唯一铭记在心的是我所钟爱的珠宝与它背后的情感恩怨。"我不禁感叹,珠宝是多么历久弥新的事物啊,也许历经岁月的洗礼,记忆中的那个人已经走远了,那些事已经模糊了,可是珠宝从未离开你,并且已经替你把那些美好的时刻好好地珍藏着。

Chaumet 尚美巴黎缘系·一生镶钻手镯及手链

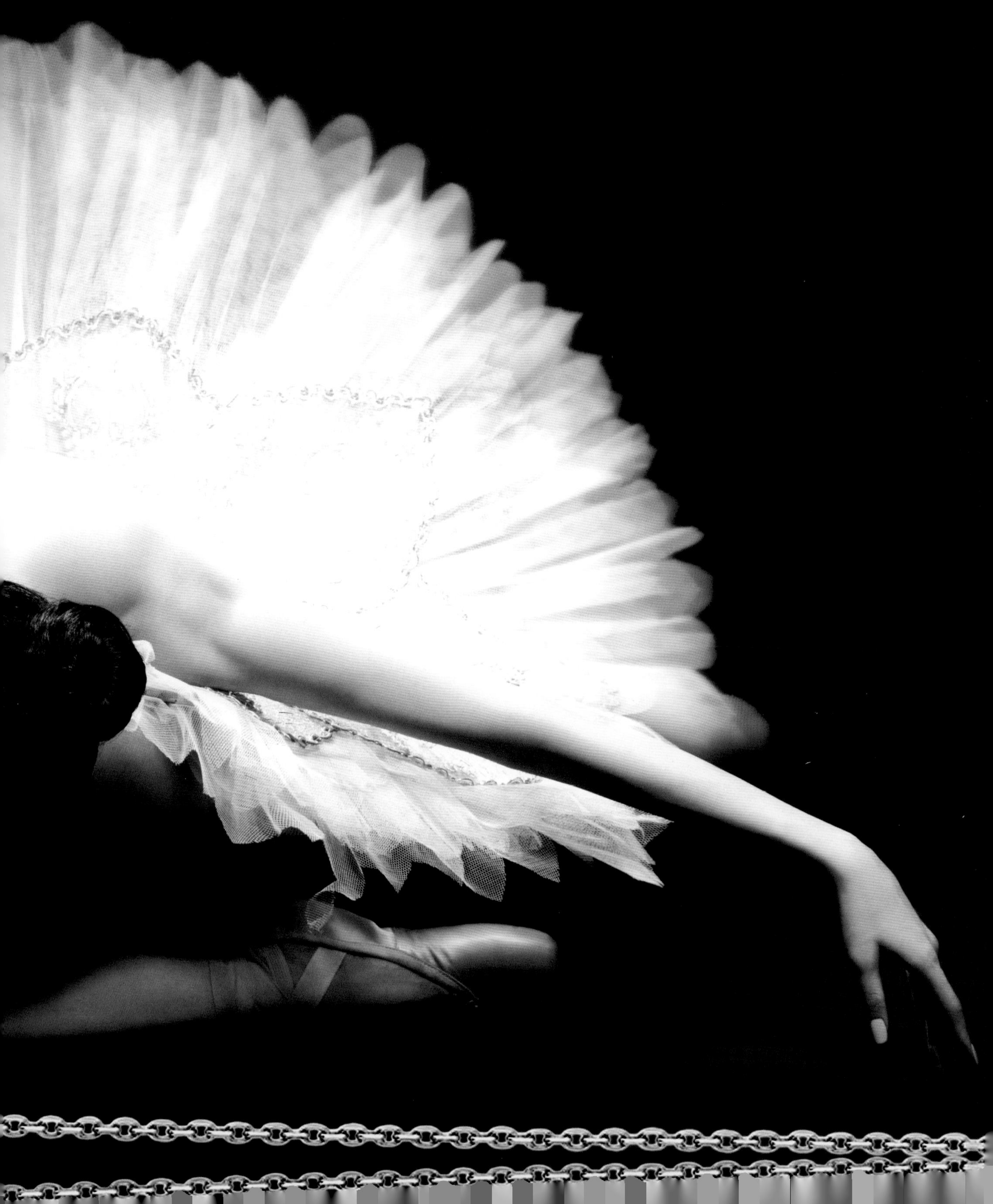

Chaumet 尚美巴黎缘系·一生项链及手镯

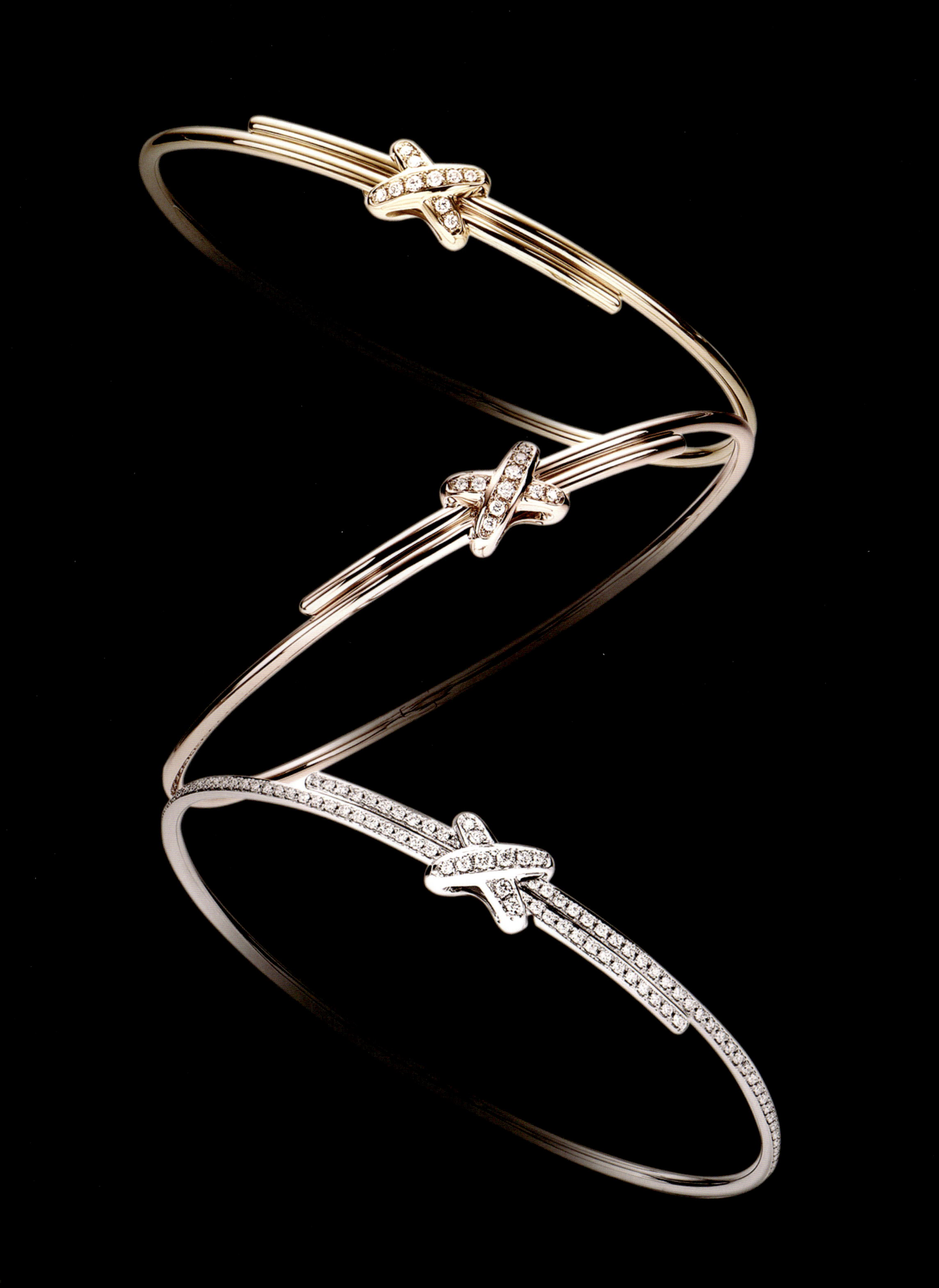

Chaumet 尚美巴黎
缘系·一生白金全镶钻戒指及不对称戒指

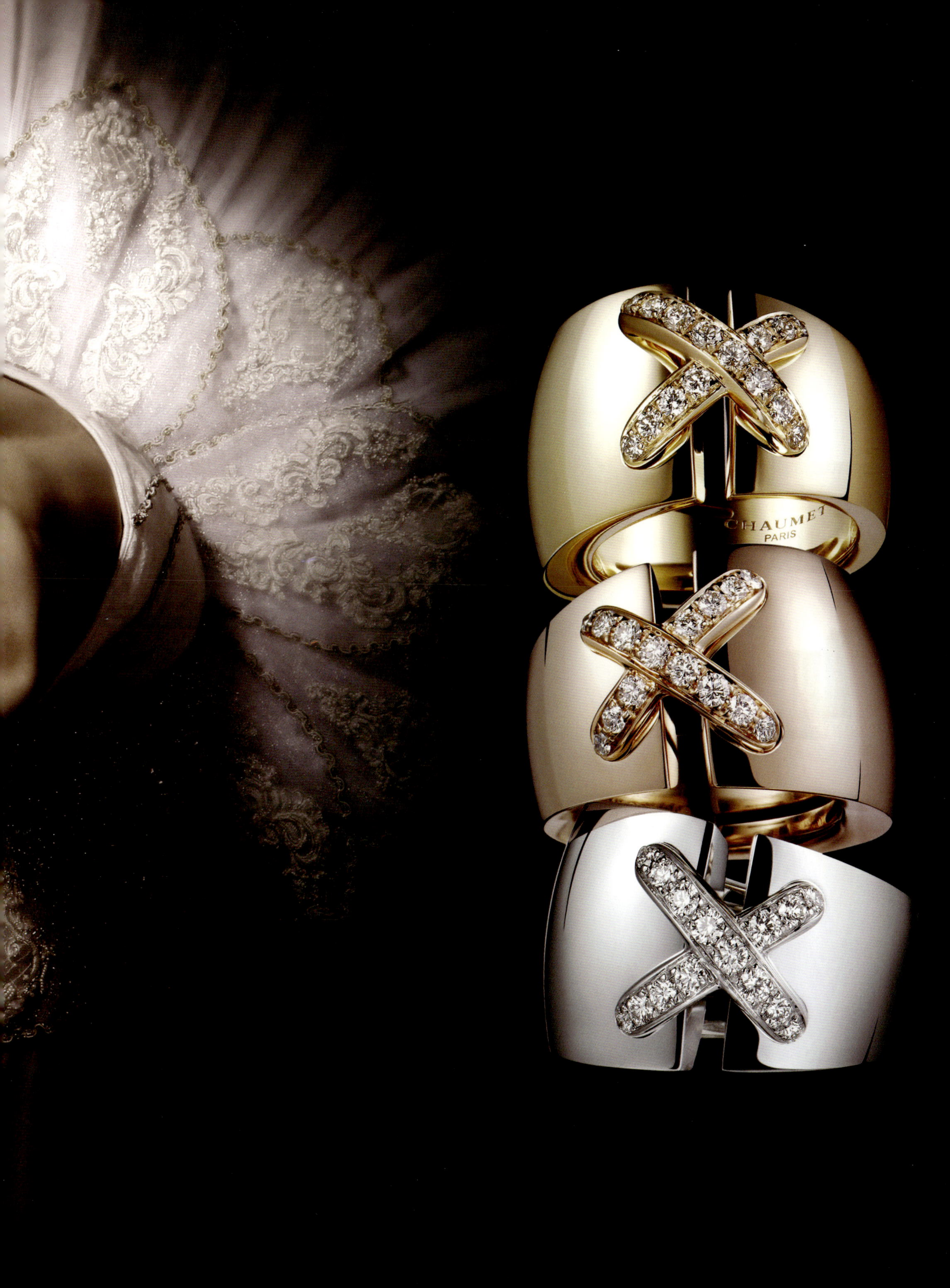
CHAUMET
PARIS

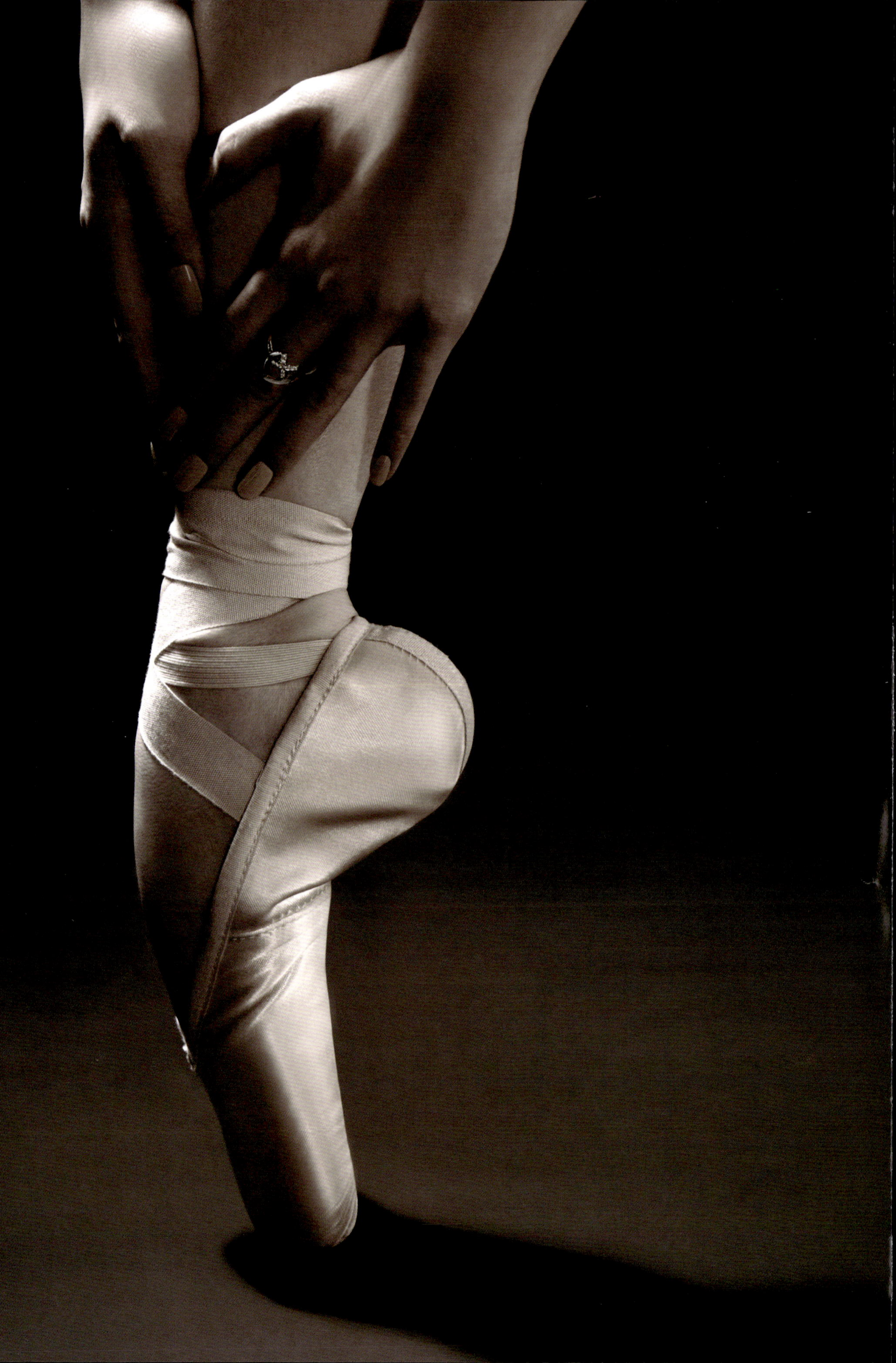

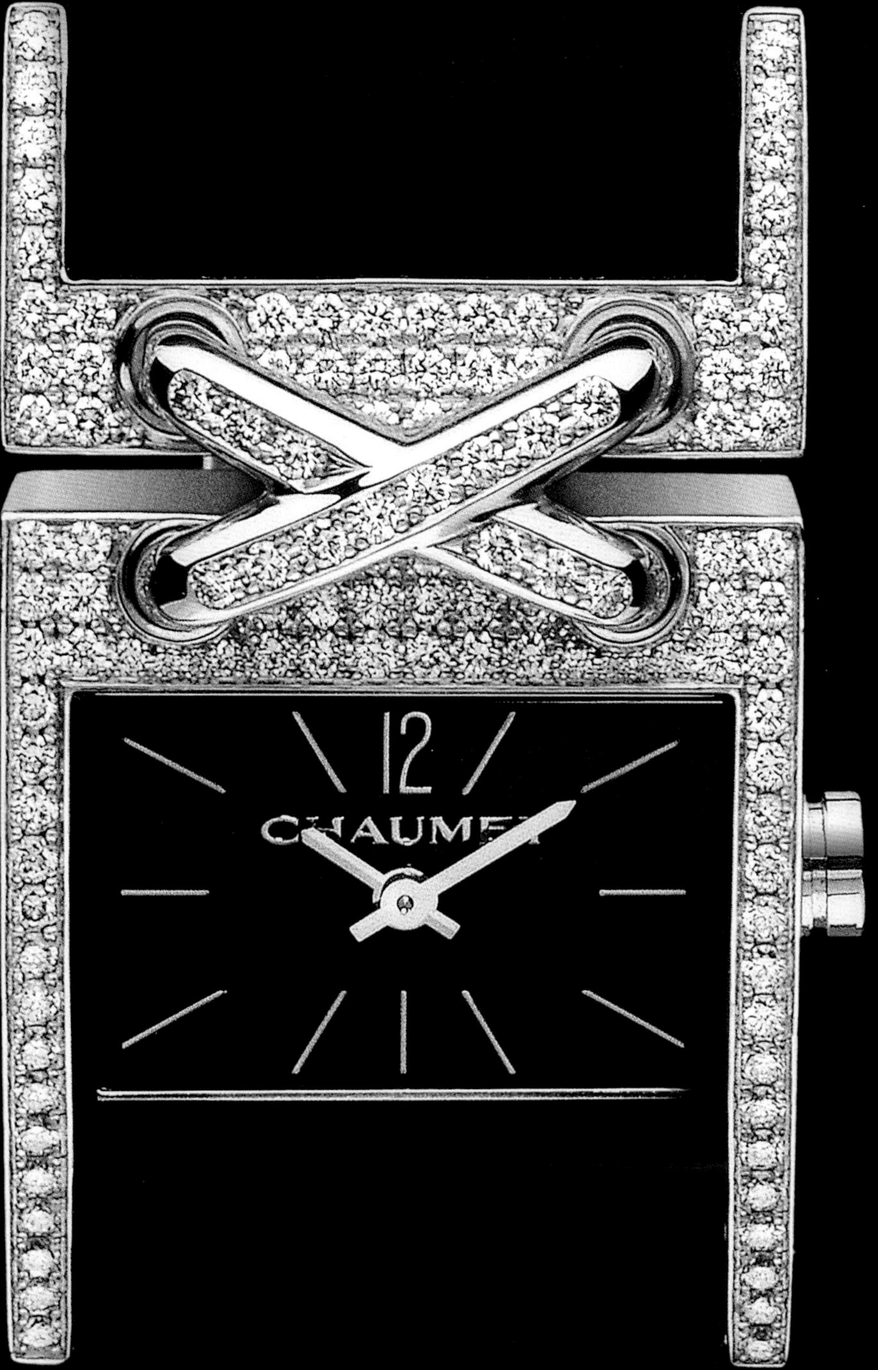

12
CHAUMET

Fancy CD 凡赛珠宝
花意袭人胸针及粉色碧玺鸡尾酒戒指

每个女人都是一朵玫瑰

  萨尔瓦多·达利曾说，把女人的脸颊比作玫瑰的肯定是诗人。玫瑰拥有着一切女性特质，时而天真，时而魅惑，时而像是清晨的微笑，时而又是午后茶蘼的神秘。历史上无数作家赞颂它，画家描绘它，珠宝设计师用宝石模拟它，其实本能地只是想在它身上找到一种永恒灿烂的生命状态。

  我正在读一本有关法国玫瑰种植的书，我想，这世上大概没有谁比法国人更热爱玫瑰。在南法的庄园里，人们认为只要当年玫瑰开得好，葡萄园一定会丰收。

  我不由得想到了一位一生钟情于玫瑰的法国男人——迪奥先生。思绪把我带到南法的庄园里，诺曼底轻柔的微风将玫瑰恬淡的芬芳吹散至每一个角落。在院落里和园丁们交谈的迪奥先生叉腰而立，他目光温情地注视着眼前娇艳欲滴的冈维拉玫瑰，眼里泛动着的眷恋仿佛在诉说："如果哪天，它永不凋谢该有多好。"事实上，迪奥先生的确为永驻玫瑰的美态付出了毕生的努力：在创作晚礼服时，他总是不惜时间成本地为它加上玫瑰花团、刺绣或是浮花织锦。秀场上，他也不忘给每一位模特的胸前或者头上别上一朵玫瑰。在他的工作室里，凡是目光所及之处，必定总有一束粉色的玫瑰相伴。

  然而真正让迪奥玫瑰永生不灭的是迪奥高级珠宝现任的设计师维多利娅·德卡斯特兰（Victoire de Castellane），这位法国贵族后裔显然与迪奥先生有着心心相惜的默契。最初她用祖母绿诠释玫瑰曼妙的枝蔓展现爱的羁绊，而后她又用细密满钻铺就立体的花瓣诠释玫瑰怒放的妖娆，然后，繁复的枝蔓干脆画作简洁戒圈，更奇妙的是，粉红玉髓的加入让玫瑰散发出稚嫩的柔情诗意，最后，她发现只有最复杂的工艺才能细腻地展现出每一片玫瑰花瓣的灵动感，从而促成了"玫瑰舞会"系列的优雅诞生。迪奥的玫瑰园在维多利娅天马行空的想象里被再次唤醒。

  时光再次跳转到20世纪50年代的一场名为五月传奇舞会上，年轻的贵族名媛身着如花瓣般精致柔软的绸缎面料打造而成的粉红色盛装，即将迈出人生中进入上流社交圈的第一个舞步，纤纤玉指间一抹淡雅的玫瑰戒指仿佛泄露出她们的心事——"如果就在这里邂逅爱情，就算迷失也甘愿。"无论如何，玫瑰将第一次迎来心底的绽放，那注定是个美妙的夜晚。

  每个女人都是一朵玫瑰，要么高贵到老，要么优雅至死。如果你爱她，请送她一枝永不凋零的玫瑰。

CINDY CHAO
四季系列幸运花戒指及蜻蜓系列胸针

Graff 格拉夫
镶嵌红宝石及钻石项链、耳环、腕表及戒指

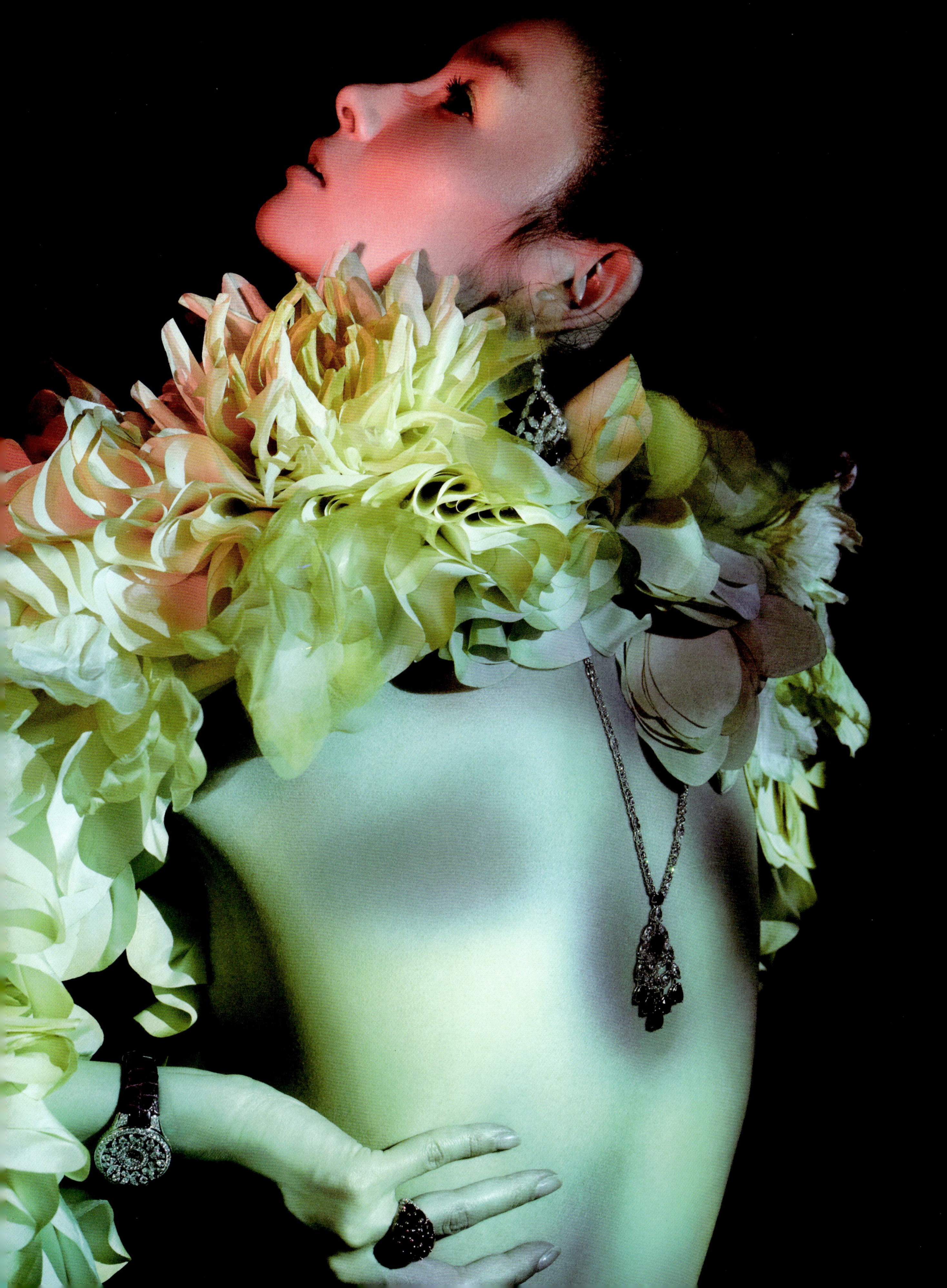

Fancy CD 凡赛珠宝幽谷百合项链

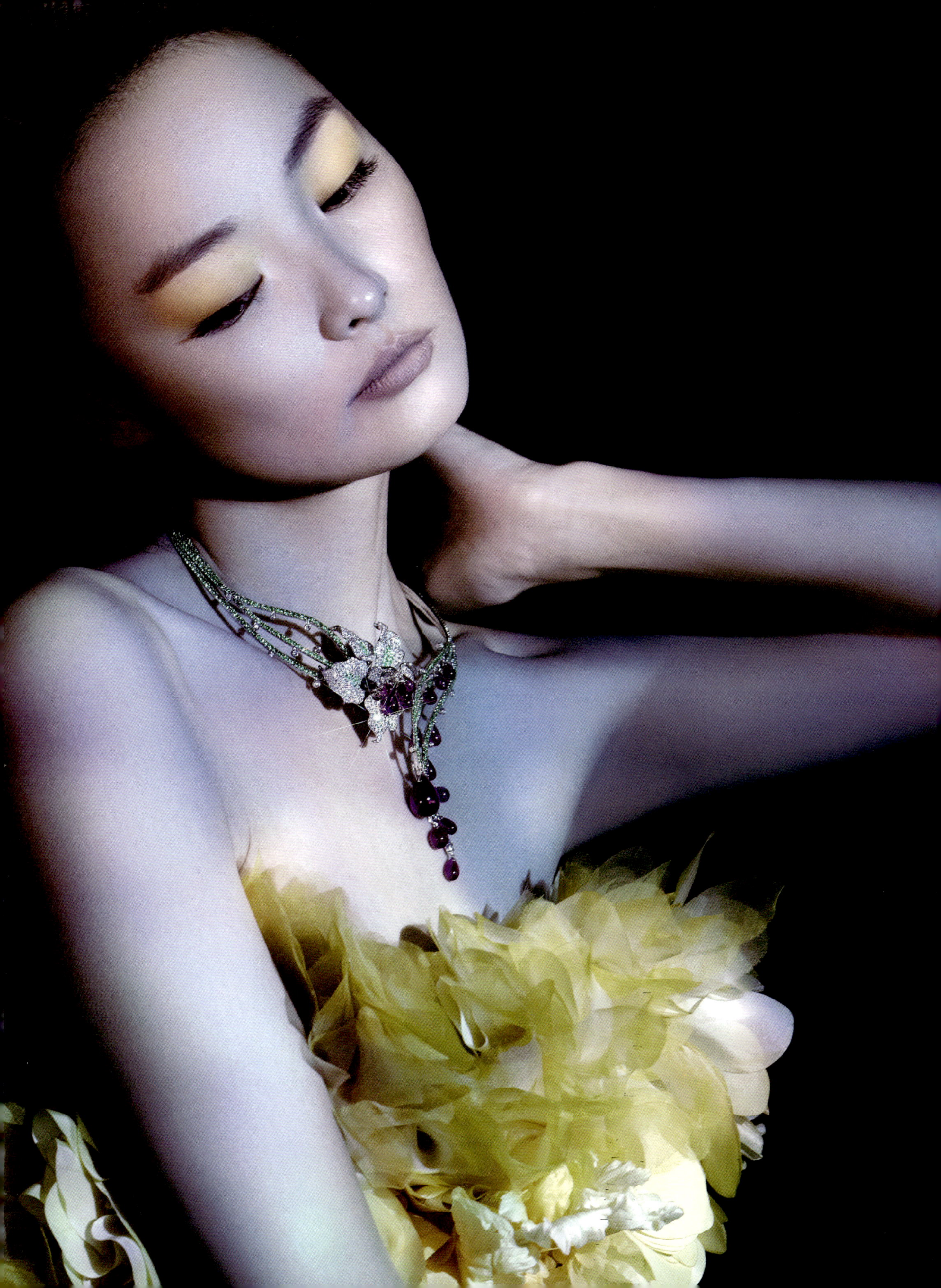

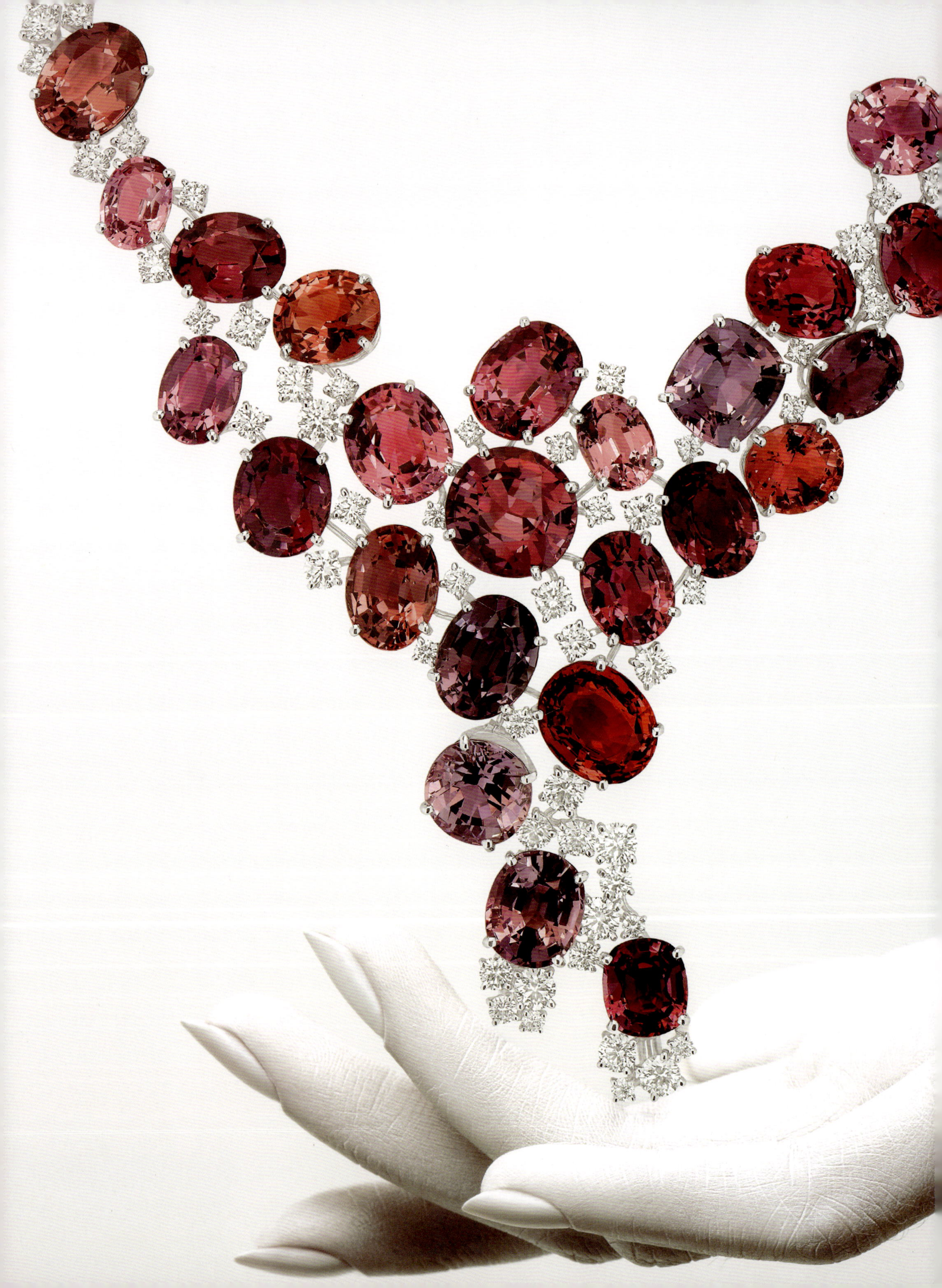

Chaumet 尚美巴黎芳登 12 号系列高级珠宝项链

Chaumet 尚美巴黎
芳登 12 号系列高级珠宝作品白鹭冠

Chaumet 尚美巴黎
芳登 12 号系列高级珠宝作品冠冕戒指

简单就是风格

Chanel 香奈儿高级珠宝羽毛耳环

男人永远搞不懂，为何女人会为了买一枚戒指或者一副耳坠，甘愿千里迢迢飞抵巴黎总店，从排队等候接待，到千挑万选，再到最后埋单，直至从店员手中亲自接过那个粘有山茶花的纸袋，才会露出心满意足的笑容。紧接着手机上会收到这样一条提示："您的钱已经顺利抵达法国人的腰包。"可是在女人心里，这一切就是一场庄严的仪式，她用金钱换来的可不只是一件东西，而是香奈儿女士定义的巴黎式的简单优雅，有那朵纯白的山茶花为证。

嘉柏丽尔·香奈儿的出现，本是为了破除传统的束胸衣、珠宝、曳地长裙、豪华面料等繁复的桎梏，但最终，她建立了自己的规则，以简单的小黑裙斜纹软呢外套、钻石珠宝、格纹包和抽象气味香氛构成的简约时尚体系。她的设计风格在任何文化中都没有前例可循，只有成长期的回忆、所交往过的男士们的启发，对威尼斯、伦敦等少数几次旅行的追忆，以及生活中零散的美学元素……融会进了她的原创设计语言。简单到一个符号、一个标志、一个记忆里美好的瞬间，都能被她赋予非凡的情感，就像她自己说的"一件杰作的简洁外在，无疑是它优雅内在的最佳证明"。

为了弄明白这种"简洁"，我几乎读遍了那些描写她那传奇生活的小说，比如《可可·香奈儿的私密生活》、《可可·香奈儿的传奇一生》，也是在这些小说里，也如同亲历般地领略了 20 世纪 20 至 30 年代的风格变迁。

那时，第一次世界大战所带来的创伤在人们心中渐渐愈合，一种与爱德华时期的保守和禁锢大相径庭的艺术形式席卷而来，释放着法国人心中冲破藩篱的渴望。女性截短了长发和长裙，香奈儿女士则第一次大胆地把男人的西服穿在身上，社会的变革也引领着一次艺术形式的盛世——装饰艺术（Art Deco）的到来。手链、臂环、晚装包以及悬垂着流苏的项链和耳环开始备受青睐，大大突破了爱德华时代花环风格的婉约和压抑，展现出一种前所未有的开放和简约。

即便是第二次世界大战风暴来临前夕，20 世纪 30 年代的巴黎也依旧是个金粉世界，华丽的夜依旧展现着人们最后的豪奢和欢愉。1932 年 11 月 6 日，香奈儿女士宅第，巴黎圣·奥诺雷街 29 号（嘉柏丽尔·香奈儿租住在罗汉——蒙巴宗豪华酒店的底楼）。数十辆载着名媛贵妇的轿车便排成长龙等在门前，所有的名流都到齐了。吸引他们的，除了见识不轻易对外开放的香奈儿女士宅第的室内陈设，和她收藏的中国乌木漆面屏风与沙发外，最重要的，当然就是能抢先一睹她首次创作的"Bijoux de Diamants"钻石高级珠宝设计系列。

这次珠宝展览宣告了一个全新珠宝时代的到来。香奈儿女士打破常规，选择半身蜡像模特展示高级珠宝，而不是放在首饰盒里。这个珠宝展的主旨，并不是为了夸示保险柜里最大或最稀有的宝石，而是以女性的特殊视角，为女性设计了真正能衬托她们的美丽，并且能展现内在品位的高级珠宝作品。另一项具有划时代意义的创举是色彩的统一和样式的简洁，全部由铂金镶嵌着钻石的珠宝！一条彗星造型的项链，仿佛沿着颈部曲线划出一道璀璨的光，搭扣亦不复存在。蝴蝶结造型则透着少女般的纯洁无瑕，犹如缠绕于女子纤指上的丝带。而流苏款式的发饰如同后冠，焕发出梦幻的璀璨光芒。告别了传统珠宝的繁密奢华，简单大气的线条同样征服了眼光极高的巴黎上流社会。

无论是高级珠宝还是高级定制服，香奈儿女士始终坚持一个信念：不能把女性禁锢在盔甲里，应当赋予她们行动的自由。所以在她的手中，珠宝设计变得灵活曼妙，可以随着心情自由变化出多种佩戴方式，一条项链可以在颈上闪耀，也可以瞬间变成三条手链和一枚胸针，抑或置于手镯中央。

香奈儿女士在表述对"Bijoux de Diamants"钻石珠宝系列充满诗意的设计理念时，当然是诚恳的。有时，她的灵感简单地来自巴黎的星空。她沿着香榭丽舍大道信步前行，街上闪烁着五光十色的广告，夜空繁星璀璨，一弯新月挂在天际。"为何要舍近求远？"就这样，她想到以璀璨群星装点女性，然后世人真的就看到闪亮的星星栖于肩膀，闪烁的星尾绕过肩头，宛如一片星雨洒落胸前！

无论是星星、羽毛、山茶花，在香奈儿女士的世界里，灵感的萌生几乎简单到信手拈来。1987年，她又创造了第一款专为女性设计的Première（第一）腕表，它简洁的八角形表盘是来自香奈儿N° 5香水的瓶盖和芳登广场从空中俯瞰八角形轮廓，流畅简洁的线条使得它可以随意搭配衣橱任何一件，无论是工作、派对、旅行、约会，它都是永远摩登的选择，以至于近百年来还被不断复刻。

香奈儿的简单是相对旧时代的繁复而言。因此，简单绝非保守的同义词，反而是一种反叛的精神。而如今，简单不但是一种风格，更意味着具备完备的能量，意味着准确地去做自己要做的事，去说自己要说的话。

Chanel 香奈儿
顶级珠宝羽毛系列珍珠钻石项链及戒指

Chanel 香奈儿
顶级珠宝镶钻项链及耳环

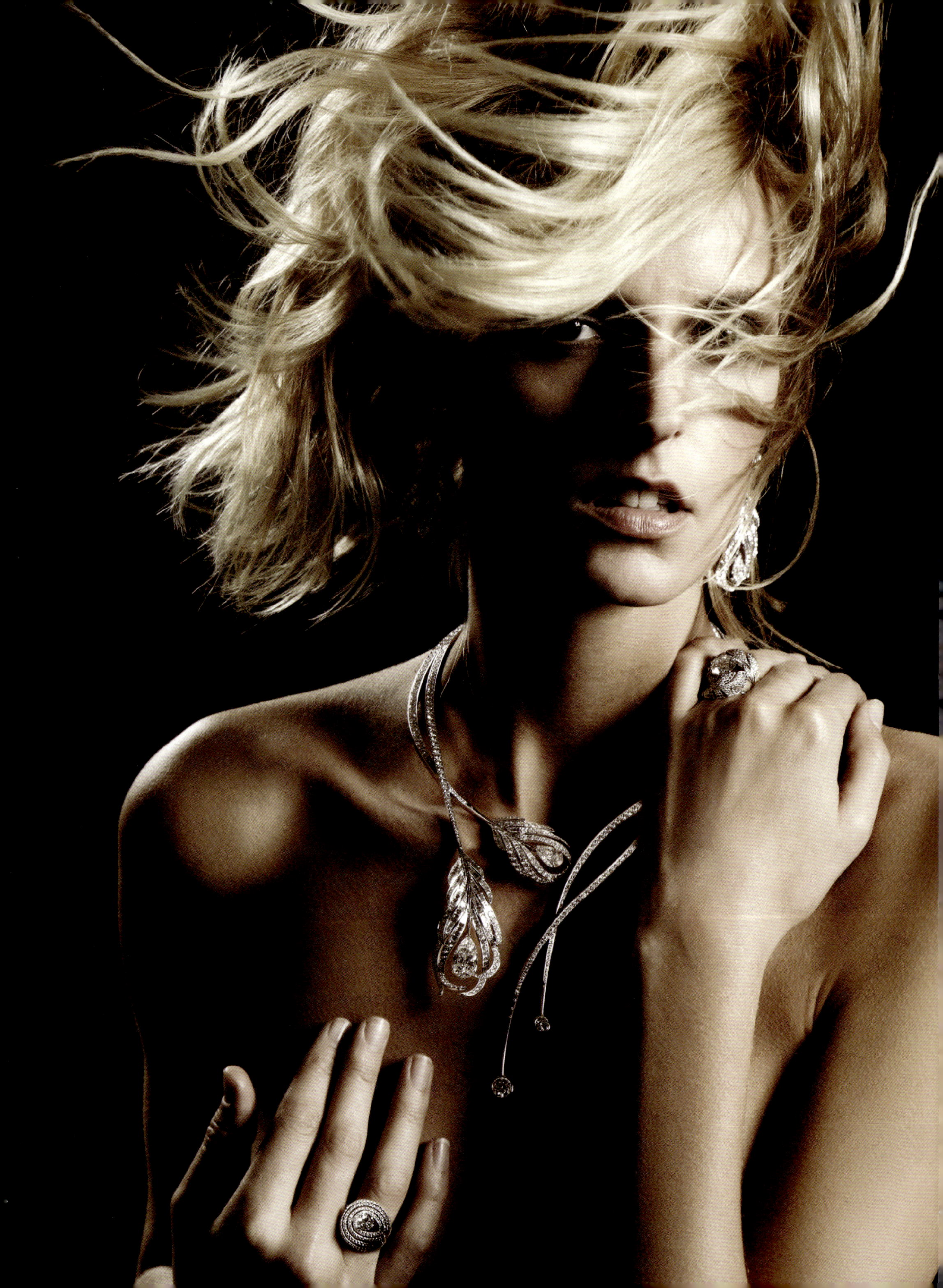

Chanel 香奈儿
顶级珠宝羽毛系列钻石项链、耳环及戒指

致谢

我衷心感谢以下各位人士

苏芒　孙晓明　张念军　沙小荔　敬静　郑志刚　赵心绮　张雪莉　胡茵菲
陈瑞麟　陈世英　黄振文　张蕊　蒋静　张小宇　徐莹　庄丽娜　李博宇　赵淑民
谢旻奇　朱润　李莉　单奕雯　米城　周新　王实　安俊瑞　娟子　柳宗源　罗初晴
俸正杰　王君英　石婷　张歆艺　佀淼滨　夏睿婕　熊黛林　李欣　王潇　于笑　李云涛

图书在版编目（CIP）数据

珠光宝气 / 董刚著. —— 北京：经济科学出版社，2014.5
ISBN 978-7-5141-4608-0
I. ①珠… II. ①董… III. ①宝石——鉴赏 IV. ①TS933.21
中国版本图书馆CIP数据核字（2014）第083788号

责任编辑：刘瑾
责任校对：郑淑艳
责任印制：邱天

珠光宝气

董刚 著

经济科学出版社出版、发行　新华书店经销
社址：北京市海淀区阜成路甲28号　邮编：100142
总编部电话：010-88191217　发行部电话：010-88191522
网址：www.esp.com.cn
电子邮件：esp@esp.com.cn
天猫网店：经济科学出版社旗舰店
网址：http://jjkxcbs.tmall.com
北京市十月印刷有限公司印装
889×1194mm　16开　14.5印张　37000字
2014年5月第1版　2014年5月第1次印刷
ISBN 978-7-5141-4608-0　定价：98.00元

（图书出现印装问题，本社负责调换。电话：010-88191502）

（版权所有　翻印必究）